食品安全治理协同创新中心
Center For Coordination And Innovation
Of Food Safety Governance

U0318527

Blue Book of Food Safety Governance（2014）

食品安全治理蓝皮书（2014）

食品安全治理协同创新中心　编著

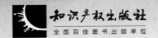

知识产权出版社
全国百佳图书出版单位

图书在版编目（CIP）数据

食品安全治理蓝皮书．2014／食品安全治理协同创
新中心编著．—北京：知识产权出版社，2015.6
ISBN 978-7-5130-3506-4

Ⅰ．①食…　Ⅱ．①食…　Ⅲ．①食品安全—安全管理—
白皮书—中国—2014　Ⅳ．①TS201.6

中国版本图书馆 CIP 数据核字（2015）第 113222 号

责任编辑：齐梓伊　　　　责任出版：刘译文
执行编辑：俞　楠　　　　封面设计：张　悦

食品安全治理蓝皮书　（2014）

食品安全治理协同创新中心　编著

出版发行：知识产权出版社 有限责任公司	网　　　址：http://www.ipph.cn
社　　址：北京市海淀区马甸南村 1 号	天猫旗舰店：http://zscqcbs.tmall.com
责编电话：010-82000860 转 8176	责编邮箱：qiziyi2004@qq.com
发行电话：010-82000860 转 8101/8102	发行传真：010-82000893/82005070/82000270
印　　刷：北京嘉恒彩色印刷有限责任公司	经　　销：各大网上书店、新华书店及相关专业书店
开　　本：787mm×1092mm　1/16	印　　张：18
版　　次：2015 年 6 月第 1 版	印　　次：2015 年 6 月第 1 次印刷
字　　数：248 千字	定　　价：48.00 元

ISBN 978-7-5130-3506-4

编 写 说 明

　　食品安全关系人民群众的生命健康，事关经济发展、社会和谐、政府公信力、执政能力及国际形象，在国家治理和社会发展中具有重要的战略意义。为了健全食品安全治理体系、提升食品安全治理能力、实现食品安全治理法治化、培育传承食品安全文化，中国人民大学、清华大学、华南理工大学等高校，国家食品安全风险评估中心、中国农业科学院质标所、中国科学院地理所、中国法学会法律信息部、环保部南京研究所等科研机构以及国家食品药品监督管理总局等实务部门，于2013年8月联合成立食品安全治理协同创新中心。自2014年起，中心将推出年度"食品安全治理蓝皮书""食品安全治理文集"和"食品安全治理案例集"，以及"食品安全治理文丛""食品安全治理译丛"等丛书，以系统反映国内外食品安全治理的现状及发展趋势，强化协同创新的成果转化。本书即为该系列首批成果中的一种。

　　本书主要聚焦2014年我国食品安全治理的发展状况。根据食品安全治理的一般规律和我国国情，食品安全治理协同创新中心下设食品安全法治、食品安全政府监管、食品安全社会参与、食品安全环境治理、食品安全标准、食品安全风险治理、食品安全国际合作与国家安全七大研究平台，旨在通过这种既分工又合作的机制，实现食品安全治理各要素和资源的汇聚，打破学科以及理论与实务的壁垒，共同致力于推进食品安全"治理主体多元协作、治理机制协调整合、治理环节无缝对接、食品安全治理法治化"。本书除了集中反映上述七个领域的发展情况以外，前言还提供了一个概况描述，并在附录部分收录了"2014 年全球食品安全治理趋势""2014 年中国食品安全治理大事记"和"2014 年食品安全协同创新中心大事记"。

作为协同创新的成果，本书的撰写人员包含了来自协同创新各单位不同学科的学者。全书由彭小龙、孙娟娟等统稿校对。

前言：王伟国（中国法学会法律信息部副主任、研究员）、姚国艳（中国法学会法律信息部副研究员）、戚建刚（中南财经政法大学法学院教授）、孙娟娟（中国人民大学法学院博士后研究人员）、王辉霞（山西财经大学法学院副教授）、彭小龙（中国人民大学法学院副教授）。

第一章：王旭（中国人民大学法学院副教授）、刘慧萍（东北农业大学教授）、董晓敏（最高人民法院法官）、刘惠君（山西财经大学法学院副教授）、于晓敏（中国人民大学法学院硕士研究生）、范田源（中国人民大学法学院硕士研究生）、刘标（中国人民大学法学院硕士研究生）、刘蕊（中国人民大学法学院硕士研究生）、吴纯（中国人民大学法学院硕士研究生）。

第二章：刘鹏（中国人民大学公共管理学院副教授）、刘煜坤（中国人民大学公共管理学院硕士研究生）、刘志鹏（中国人民大学公共管理学院硕士研究生）。

第三章：莫于川（中国人民大学法学院教授）、龙俊（清华大学法学院助理教授）、李航（吉林警察学院法律系副教授）、许明华（安徽中医药大学讲师）、刘畅（清华大学法学院博士后）、王茜（中国人民大学法学院博士研究生）、邓伊（中国人民大学法学院硕士研究生）。

第四章：李广贺（清华大学环境学院教授）、张旭（清华大学环境学院副教授）、石磊（中国人民大学环境学院副教授）、程荣（中国人民大学环境学院副教授）、司艳晓（清华大学博士研究生）。

第五章：樊永祥（国家食品安全风险评估中心研究员）、韩宏伟（国家食品安全风险评估中心研究员）、王竹天（国家食品安全风险评估中心研究员）、刘金峰（国家食品安全风险评估中心研究员）。

第六章：吴永宁（国家食品安全风险评估中心研究员）、陈艳（国家食品安全风险评估中心研究员）、钟凯（国家食品安全风险评估中心副研究员）、郭云昌（国家食品安全风险评估中心研究员）、马宁（国家食品安全风险评估中心副研究员）、杨大进（国家食品安全风险评估中心研究员）、刘兆平（国家食品安全风险评估中心研究员）、徐海滨（国家食品安全风险评估中心研究员）、李宁（国家食品安全风险评估中心研究员）、刘金峰（国家食品安全风险评估中心研究员）。

第七章：生吉萍（中国人民大学农业与农村发展学院教授）、欧树军（中国人民大学国际关系学院副教授）。

在编写过程中，中心办公室路磊、孟珊、杨娇等付出了辛勤劳动，对他们的贡献表示衷心的感谢。由于初次编写食品安全治理蓝皮书，而食品安全治理涉及众多学科，牵涉许多机构和组织，受知识和经验的限制，必然存在诸多不足之处，敬请读者批评指正。

食品安全治理协同创新中心
2015 年 3 月

目 录

绪　论

习近平总书记在 2014 年中央农村工作会议上明确指出："能不能在食品安全上给老百姓一个满意的交代，是对我们执政能力的重大考验。我们党在中国执政，要是连个食品安全都做不好，还长期做不好的话，有人就会提出够不够格的问题。所以，食品安全问题必须引起高度关注，下最大气力抓好。"应当说，食品安全在国家治理和社会发展中具有战略性地位，而且也是近些年来党和国家工作的重要内容。

综观近几年的发展趋向，治理已经成为解决我国食品安全的主要方向和基本途径。党中央、国务院通过一系列重要部署为食品安全治理指明了方向。2013 年 11 月，党的十八届三中全会决定不仅提出"系统治理、综合治理、依法治理、源头治理"的基本要求，而且明确要求：减少行政执法层级，加强食品领域基层执法力量；完善统一权威的食品药品安全监管机构，建立原产地可追溯制度和质量标识制度，保障食品药品安全。2014 年 3 月，李克强总理在政府工作报告中要求："建立从生产加工到流通消费的全程监管机制、社会共治制度和可追溯体系，健全从中央到地方直至基层的食品药品安全监管体制。严守法规和标准，用最严格的监管、最严厉的处罚、最严肃的问责，坚决治理餐桌上的污染，切实保障'舌尖上的安全'。"2014 年 10 月，党的十八届四中全会决定进一步明确，将完善食品安全方面的法律法规作为加强重点领域立法的重要内容，将食品安全执法作为推行综合执法的重点领域之一，依法强化危害食品安全等重点问题治理。

　　根据食品安全治理的一般规律和我国国情，本书从食品安全法治、食品安全政府监管、食品安全社会参与、食品安全环境治理、食品安全标准、食品安全风险治理、食品安全国际合作与国家安全七个方面对 2014 年我国食品安全治理作出概要描述。绪论旨在从我国食品安全治理的成就、不足和今后的完善举措方面予以概述。

一、食品安全治理的主要工作与成绩

（一）食品安全法治有序推进

　　2014 年是贯彻党的十八届四中全会精神的开局之年，我国食品安全工作全面落实党的十八届四中全会精神，法治化建设水平不断提高。

　　积极稳妥推进《中华人民共和国食品安全法》（以下简称《食品安全法》）修订。《食品安全法》是我国有关食品安全治理的基本法，2013 年启动了修订程序。2014 年是《食品安全法》修订的关键一年。国务院和全国人大先后在其官网上发布《食品安全法（修订草案送审稿）》和《食品安全法（修订草案）》初次审议稿、二次审议稿，广泛征集和吸纳社会各界意见。

　　食品安全配套法律的制定修订工作有序展开。国家食药局公布实施了《食品药品行政处罚程序规定》，使食品监管行政处罚有了严格规范的程序性规定。认真吸收原质检、工商、食品药品监管等部门相关制度建设，制定公布了《食品安全抽样检验管理办法》和《食品药品监督管理统计管理办法》，对食品安全监督抽检、风险监测的抽样检验和统计工作予以规范，并于 2015 年 2 月 1 日起实施。国家卫生计生委发布了《食品安全地方标准制定及备案指南》，规范食品安全地方标准备案工作，明确食品安全地方标准工作相关环节的具体操作程序和工作内容。食品安全监管有关职能部门根据自身职责开展的相关规范性文件起草和清理工作也在按计划推进。《营养素补充剂管理规定》《营养素补充剂资料要求》《婴幼儿配方乳粉生产企业食品安全信用档案管理制度》《食品召回和停止经营监督管理办法》等一批规范性文件的起草工作已取得实质性进展。

依法严厉打击食品安全违法犯罪行为。公安机关加强食品安全犯罪侦查队伍建设，明确机构和人员专职负责打击食品安全犯罪，强化专业打击力量。加强行政监管部门与公安机关在案件查办、信息通报、技术支持、法律保障等方面的配合，形成打击食品违法犯罪的合力。司法机关将食品安全领域违法犯罪行为作为打击重点，依据《中华人民共和国刑法》（以下简称《刑法》）、《最高人民法院、最高人民检察院关于办理危害食品安全刑事案件适用法律若干问题的解释》等法律及司法解释予以严惩重处。进一步促进行政执法与刑事司法的无缝衔接。

（二）食品安全政府监管卓有成效

食品安全监管部门坚持以问题为导向，在依法开展监管的前提下，对人民群众反映强烈、问题突出、治理难度大的重点领域开展专项治理，严厉查处食品安全违法行为，为净化食品安全生产经营环境，维护良好的生产经营秩序，维护人民群众身体健康发挥了重要保障作用。

关注重点领域，提升监管水平。开展依法严厉查处违法生产经营鱼肝油产品、食用油安全综合治理活动，开展婴幼儿配方乳粉、畜禽屠宰和肉制品、农村食品安全、儿童食品和学校及周边食品安全、超过保质期食品和回收食品、"非法添加"和"非法宣传"问题以及网络食品交易和进出口食品专项整治行动，研究制定了有针对性的监管制度和办法，着力解决了很多食品安全领域的突出问题，全面提升了食品安全监管水平。

农村食品市场"四打击四规范"专项整治行动成效明显。针对农村食品市场监管薄弱的问题，2014 年 8 月，全国各级食品安全办、食品药品监管、工商、公安等部门强化组织、通力合作、统筹兼顾，新闻媒体与社会各界密切配合，共检查食品生产单位42.42万户次、食品经营户386.88万户次，检查批发市场、集贸市场等各类市场14.29万个次，开展监督抽检25.36万批次，依法取缔无照经营2.28万户，吊销食品生产经营许可证1 142户，吊销营业执照642户，捣毁制售假冒伪劣食品窝点1 375个，查扣侵权仿冒食品数量36.19万公斤，累计查处各类食品违法案件4.51万件，其中移送司法机关处理案件749件，受理并处理消费者投诉举报4.68万件。有效遏制了农村食品市场突出问题多发、高发的态势，净化了农村食品市场生产经营环境，推动了农村食品安全监管长效机制建设。

建立食品原产地可追溯制度和质量标识制度。建立"从农田到餐桌"的全程追溯体系，稳步推进农产品质量安全追溯、肉菜流通追溯、酒类流通追溯、乳制品安全追溯体系建设。完善食品质量标识制度，规范"无公害农产品""绿色食品""有机产品""清真食品"等食品、农产品认证活动和认证标识使用，规范转基因食品标识的使用，提高消费者对质量标识与认证的甄别能力。

推进食品安全监管工作信息化建设。充分利用现代信息技术，推进食品安全监管信息化工程建设，提高监管效能。各地加大对食品安全监管信息化建设的资金支持，开展试点建设，推动数据共享。加快建设食品安全监管统计基础数据库，提高统计工作信息化水平，利用物联网、溯源、防伪、条码等技术，实施信息惠民工程。

积极探索食品安全领域诚信体系建设。落实国务院食品安全办等八部门《关于进一步加强道德诚信建设推进食品安全工作的意见》，完善诚信管理法规制度，全面建立各类食品生产经营单位的信用档案，完善诚信信息共享机制和失信行为联合惩戒机制，通过实施食品生产经营者"红黑名单"制度促进企业诚信自律经营。建立统一的食品生产经营者征信系统，将食品安全信用评价结果与行业准入、融资信贷、税收、用地审批等挂钩，充分发挥其他领域对食品安全失信行为的制约作用。

（三）食品安全社会参与程度显著提升

食品安全科普宣传教育进一步加强。充分发挥科研院所、社会团体和专家作用，加强食品安全社会共治宣传，引导消费者理性认知食品安全风险，提高风险防范意识。加大对食品生产经营诚信自律典型、监管执法先进人物的宣传报道力度，发挥其示范引领作用。

食品安全信息发布制度逐步健全和规范。加强监管部门、技术机构与媒体的机制性沟通，完善食品安全工作新闻发言人制度，定期举办新闻发布会，主动介绍食品安全工作重大方针政策、重要领域专项整治情况，及时向社会通报阶段性成果，科学有序发布消费安全提示。

食品安全热点问题舆论引导效果明显。职能部门和技术机构通过开展"网上专家热线""网上问政""与网民互动""有奖知识竞答"等多种活动和方式，满足公众食品安全信息需求，提高公众食品安全知识水平。积极回应群众高度关注的热点问题，自觉接受新闻媒体和舆论监督。对舆论中存在的质疑、误解主动发声，做好澄清和解疑释惑工作，及时回应公众关切，合理引导公众预期，在消除公众食品安全恐慌、维护监管秩序和食品行业健康发展方面，发挥了重要作用。

专业机构和行业组织积极参与社会共治。专业机构发挥专业优势，对公众关注的问题进行解疑释惑，普及食品安全知识，加强饮食健康科普宣传，及时回应热点事件，为食品安全治理工作营造良好的社会氛围。食品行业组织立足本职，结合行业、企业和食品产品的特点等，紧密围绕食品安全这个核心开展工作，全面参与法律法规、标准和制度措施制修订、风险预警交流和科普宣传、行业自律和诚信建设等各方面工作，实现了全链条、全环节、全方位地参与食品安全治理。

（四）食品安全环境治理力度加大

土壤、大气、水等自然环境是食品生产的基础和源头，所以环境治理是食品安全治理的源头。2014年，《中华人民共和国水污染防治法》（以下简称《水污染防治法》）修订完成，《中华人民共和国大气污染防治法》（以下简称《大气污染防治法》）和《中华人民共和国土壤污染防治法》（以下简称《土壤污染防治法》）正在修订或起草之中。这将为食品安全治理创造良好的基础。

加强食用农产品质量安全源头治理。农业行政部门加大了对土地和水污染的治理力度，重点治理农产品产地土壤重金属污染、农业种养殖用水污染、持久性有机物污染等环境污染问题，努力切断污染物进入农田的链条，为食品安全治理提供了基础性保障。严格农业投入品管理，严格推行高毒农药定点经营和实名购买制度，规范兽用抗菌药、饲料及饲料添加剂的生产经营和使用，促进农药、化肥科学减量使用。严厉打击使用禁用农兽药、非法添加"瘦肉精"和孔雀石绿等违禁物质的违法违规行为。

（五）食品安全标准整合工作有序推进

食品安全标准是保障公众身体健康、规范食品生产经营的强制性要求，也是政府强化监管的执法依据和发挥社会监督作用、实现社会共治的有效手段。2014年，国家卫生计生委根据《国务院关于加强食品安全工作的决定》和《食品安全监管"十二五"规划》明确要求，按照公开、透明、科学的原则开展食品安全标准工作，主动公开食品安全国家标准整合工作进展，广泛征求社会各方意见和建议，积极鼓励社会各方参与。加强对食品安全标准的宣传贯彻和跟踪评价，切实做好食品安全标准执行工作，促进食品安全标准落实。

全面启动食品安全国家标准整合工作。重点解决食用农产品质量安全标准、食品卫生标准、食品质量标准以及行业标准中强制执行内容存在的交叉、重复、矛盾的问题。制定《食品安全国家标准整合工作方案（2014～2015 年）》，明确了标准整合原则、方法和具体安排，全面启动 2014～2015 年食品安全国家标准整合工作。截至 2014 年年底，已有 228 项整合标准面向社会公开征求意见，其中 208 项报食品安全国家标准审评委员会相关分委员会审查，已审查通过 204 项，完成了整合工作既定任务。

完善食品安全标准体系。加快重点和缺失食品安全国家标准的制定、修订，公布《食品中农药最大残留量》《食品添加剂使用标准》等 68 项新标准，完善了食品安全国家标准体系。完善食品安全国家标准、地方标准管理和企业标准备案管理，各地基本完成地方标准清理，按照国家标准要求对地方标准进行整合规范。编写了《食品安全国家标准工作程序手册》，拓宽了公众参与和标准征求意见的渠道、方式。制定公布新的食用植物油、蜂蜜、粮食、包装饮用水、调味品等一批重点食品安全国家标准，进一步满足提高食品安全水平和产业发展需要。

推进标准的贯彻实施和跟踪评价机制。制定了《食品安全国家标准跟踪评价规范》，组织开展标准跟踪评价，及时了解和掌握标准实施情况，分析标准执行中存在的问题，全面收集监管部门、行业、消费者等各方意见和建议，为标准修订提供依据。开展对《食品中污染物限量》《食品添加剂使用标准》等重点标准的跟踪评价。启动《食品安全国家标准跟踪评价技术指南》的编写工作，加强对标准跟踪评价工作的组织管理和技术指导。

改进食品安全标准宣贯和服务工作。国家卫生计生委联合相关部门印发《关于加强食品安全标准宣传和实施工作的通知》，推进食品安全标准宣传教育，推动标准贯彻实施。为方便各方查询和使用标准，国家卫生计生委开发的食品添加剂标准查询软件和食品安全国家标准数据检索平台，已在食品安全风险评估中心网站上线启用。

主动开展食品安全标准培训工作。国家卫生计生委组织制订食品安全标准培训工作方案，组织专家制定培训教材，培训师资队伍，为宣传、培训工作提供技术支持。9月，国家卫生计生委在长沙举办了食品安全标准知识培训班。各省级卫生计生行政部门积极配合相关部门和食品行业协会开展食品安全标准培训工作。各地区、各部门也都根据食品安全监管工作需要，有计划地组织开展了教育培训工作，使监管人员、检验人员准确掌握标准规定，切实提高监管人员依法行政水平和科学监管能力。食品行业主管部门指导食品行业、企业和从业人员根据食品安全管理要求，有针对性地开展食品安全标准培训工作，防范食品原料、生产经营过程中的食品安全风险，提高食品安全科学管理水平。

（六）食品安全风险治理能力显著提高

食品安全风险监测评估得到强化。卫生计生行政部门花大力气加强食品安全风险监测体系及其能力建设，建立和完善了全国食源性疾病监测与报告网络。依法组织实施国家食品和食用农产品安全风险监测年度计划，开展收购和库存粮食质量安全的监测与抽查，加强对食品相关产品生产过程和制成品的全面监测。加强了对学校食源性疾病的监测。修订了《食品安全风险监测管理规定》《食源性疾病管理办法》等食品安全风险监测相关管理规定，规范监测工作管理，强化监测结果应用。依法组织实施年度国家食品安全风险监测计划，加强对食品、食品添加剂、食品相关产品的全面监测。完善了风险监测工作机制，强化监测结果统一汇总分析，加强部门会商，为食品安全监管提供有力的技术支持。完善了全国食源性疾病监测与报告网络，及时通报重大食源性疾病信息，配合监管部门加强食源性疾病的源头控制。

食品安全风险评估进一步加强和规范化。加强评估工作的规范化建设，加强风险评估制度的顶层设计，完善配套工作规范。修订了食品安全风险评估相关管理规定，规范评估工作管理，强化评估结果应用。有计划地推进食物消费量调查和总膳食研究、毒理学计划工作，加强数据共享机制建设和评估方法学研究。加强评估能力建设，在继续细化年度风险评估计划的同时，着手制定我国2016～2020 年国家食品安全风险评估规划。组织实施了 2014～2015 年国家食品安全风险评估工作计划，开展铜、砷等 11 项优先评估项目和镉、苯甲酸等 6 项应急风险评估，配合相关部门妥善处置相关事件。公布《中国居民膳食铝暴露风险评估》和《白酒产品中塑化剂风险评估结果》，积极回应社会关切。加强风险评估管理制度，规范国家风险评估工作，充分发挥全国专业资源的优势，提高风险评估工作水平。严格新食品原料、食品添加剂和食品相关产品新品种的安全性审查。逐步构建我国居民食物消费量数据库。

科学规范开展食品安全风险交流、预警工作，健全工作体系和机制，加强专业化人员队伍建设。继续做好新食品原料、食品添加剂新品种、食品相关产品新品种的安全性审查工作，更加注重新食品原料、食品添加剂新品种、食品相关产品新品种过程中的公众参与和信息公开。进一步加强风险交流和科普性宣传，发挥风险评估结论在食品安全科普宣传中的引导作用。

（七）食品安全国际合作加强

我国在国际食品安全规则制定中的作用进一步增强，先后派代表团参加了在香港召开的第 46 届国际食品添加剂法典委员会会议，和在日内瓦召开的第 37 届国际食品法典委员会会议。组织召开了食品安全标准与风险管理国际研讨会。与美国食品药品管理局签署合作备忘录。我国牵头起草的《非发酵豆制品》亚洲区域标准在第 19届国际食品法典亚洲协调委员会获得通过，并提交国际食品法典大会审议。我国科学家牵头组织起草的大米砷限量国际标准获 CAC通过。

二、食品安全治理中存在的问题与不足

（一）食品安全法治建设仍需加速

2014 年，《食品安全法》的修订工作在稳步推进，并已进入关键时期，食药监管、卫生行政部门也都在抓紧开展相关配套法规的立改废工作。但是，《食品安全法》的修订进程慢于预期，对食品安全风险交流、食品安全有奖举报、食品安全国民教育、食用农产品监管等社会各界广泛关注的问题，仍然未能在立法层面作出积极回应。这种情况也在一定程度上影响了相关配套规范的立改废进程和制度设计。

由于食品安全是老百姓关注、党和政府重视的问题，因此，司法机关对食品安全违法犯罪一直保持严惩重处的高压态势，为优化食品安全治理环境发挥了极其重要的司法保障作用。但是，在"严惩重处"的思想指导下，也出现了一些有争议的案件。例如，对一系列"毒豆芽"案件的定性和法律依据，引发了各界的争议甚至质疑。但是，有关部门对此并未作出积极有效的回应。

（二）食品安全政府监管体制和能力仍然不足

2013 年的国务院机构改革方案明确，由食品药品监督管理部门对食品安全进行全程监管，以解决过去九龙治水、分段监管的局面。但是从 2014 年的监管体制运行情况看，这一改革所预期的治理效果尚未完全显现。食品安全治理本身是一个涉及农产品种植养殖、食品及其原材料和食品相关产品标准、食品进出口、食品流通等多个环节和领域的复杂过程。实践中，食品安全监管仍然涉及食药部门与农业行政部门、卫生行政部门、工商行政部门的相互配合问题。从目前情况看，各职能部门之间在食品安全监管方面的关系尚未完全理顺，典型的例证就是对豆芽的监管问题至今未

能明确。

政府监管能力不足的问题仍然未能有效解决，基层监管能力不足的问题尤其突出。目前，仍有部分市、县两级政府没有设立实体性的食品安全综合协调机构，食品安全监管的人财物和经费保障不足，专门从事食品安全监管的执法人员较少，监管技术设备落后，难以保障基层食品安全监管工作的有效开展。

（三）食品安全社会共治局面尚未形成

食品安全社会共治的准备不足。随着《食品安全法》的修订，食品安全社会共治原则在全社会形成共识。公众的参与意识明显提高，监管部门对公众、媒体、行业组织参与的重视程度也显著提高，并努力拓宽社会参与的途径。但是食品安全社会共治的局面尚未形成。监管部门既有重视、吸收公众参与的意识，又有一旦社会参与程度过深会出现舆情失控、难以驾驭监管局面的担忧，因而，在食品安全信息公开方面仍然显得谨慎有余，以至于信息公开不够全面和及时。媒体是社会参与的重要力量，食品安全报道已经客观、公正许多，食品安全报道的专业化程度也有明显提高，但是仍然有很多媒体和媒体从业人员的食品安全报道缺乏专业性，以至于误导了公众，影响了正常的食品安全监管秩序。公众的社会参与意识显著提高，但是参与能力不强、参与方式不够理性的情况依然普遍存在。食品生产者、经营者的责任意识、诚信意识都还需要继续培养。

食品安全风险交流未能置于应有的高度和地位。食品安全风险交流既是食品安全风险管理的一个环节，更是食品安全社会参与的重要内容。2014 年，虽然职能部门和技术机构在风险交流方面的工作力度明显加大，交流效果也有明显体现，但是其开展风险交流的主动性和及时性都还有欠缺，导致出现了一些事后"救火"式的风险交流，降低了交流的效果。《食品安全法》修订过程中，对确立食品安全风险交流制度的认识明显不足，以至于这一制度在修法过程中被逐渐弱化和模糊化。

食品安全有奖举报制度并未真正落实。食品安全有奖举报制度是落实社会参与的重要制度。但由于在举报方式、奖励金额和举报人的保护方面并没有实质性的落实机制，导致这一制度在全国各地的实践效果非常不理想，严重影响了食品安全社会参与的效果。

（四）食品安全标准体系仍不够完善

部分食品安全标准之间存在冲突的情况仍然没有彻底解决。我国食品标准是包括食用农产品质量安全标准、食品安全国家标准、食品安全地方标准、企业标准和食品行业标准等在内的杂糅型的食品安全标准体系。标准制定主体多、分散化，标准清理整合不及时、不到位等因素导致针对同一食品，不同部门之间颁布的标准存在不尽一致的情况。虽然卫生计生委已经全面启动标准清理整合工作，但由于清理整合工作尚未结束，加之农产品质量安全标准与食品安全标准的整合并非卫生计生委单方面能够完成，因此，食品安全标准之间冲突的情况仍然存在。

（五）食品安全风险治理仍待加强

监测评估保障机制仍然不够健全，仍有不少监测评估机构面临设备短缺、人员缺乏、经费不足，技术落后等"瓶颈"制约。目前，食品安全风险监测数据仍然未能实现各级各部门的资源共享，导致各级各部门重复检测，一定程度上造成资源浪费。实践中，以监督抽检代替风险监测的情形依然存在。

风险评估机构的独立性不强，评估结果的公开仍不充分。食品安全风险评估的结果是一种科学性评价，评估机构作为具体开展风险评估工作，并对其评估行为和结果负责的专业机构，应当有能力、有资格独立发布风险评估结果。但是，目前的食品安全风险评估结果仍然不能由评估机构独立发布，这违背了食品安全风险评估工作规律。

风险交流制度尚未建立。职能部门、技术机构都已经认识到食品安全风险交流的必要性和重要性，媒体、行业组织和公众也非常渴望参与风险交流，因此，有必要在法律中明确建立食品安全风险交流制度，并建立相应的程序机制以保证这一制度的有效实施。

三、完善食品安全治理的主要举措

（一）加快推进食品安全法治建设

坚持民主立法、科学立法原则，重点抓好《食品安全法》修订推进、食品生产监管配套制度建设和食品生产监管制度创新等工作。根据修订后的食品安全法，及时进行食品安全监管相关规范性文件的清理工作，抓紧弥补法律法规缺失，不断健全新的规章制度，确保法律规范的实用可操作，法律体系内部的和谐统一，让各项监管工作有良法可依、有善政可循。

既要严惩重处食品安全违法犯罪行为，让生产经营者自觉履行主体责任，不敢、不能、不想以身试法。又要坚持公正司法，确保食品消费者和食品生产经营者的合法权益都能得到有效保护。

（二）加强监管与突出重点结合

健全食品生产监管治理体系。要大力推进食品生产许可制度改革，强化监管人员的现场检查，推进食品安全信用档案建设，扩大食品安全"审计"试点，大力推行食品生产监管信息公示，继续试点实施食品生产企业风险分级分类监管制度，开展大型食品生产企业食品安全风险信息交流，坚持问题导向，组织开展专项抽检监测。

提升食品生产监管的针对性。要继续抓好乳制品、肉制品、白酒、植物油等重点食品和大宗食品的重点监管和综合治理工作，切实加强食品生产集聚区、食品生产加工安全示范区和食品问题多发区监管，重点治理"两超一非"（超范围超限量使用食品添加剂和食品中非法添加非食用物质）、食品塑化剂、食品标签标识等突出问题，切实抓好大型食品生产企业监管工作。继续加大农村食品安全风险隐患排查力度，持续打压假冒伪劣食品在农村的生存空间，确保广大农民消费者的食品安全。加强对进口食用油的检查，将标注"非食用油""工业用油""精炼后可食用"的动植物油作为检查重点。

提高食品生产监管能力和水平。要抓好基层监管能力建设，加强对基层的工作指导和服务，帮助基层解决实际困难和问题。要抓好生产环节的监管能力建设，积极推动监管资源向生产监管集聚，推动监管工作重点向生产监管倾斜。强化风险监测、检验检测、追溯管理等技术手段，充实基层监管执法力量和执法装备。加强基层执法力量和执法规范化建设，为治理农产品质量和食品安全问题构建良好的法治秩序。

（三）全面提升食品安全社会参与程度

加大食品安全信息公开的范围。清晰界定日常监管信息、风险警示信息、重大食品安全信息的界限，合理设定各级食品安全监管部门的食品安全信息发布权限和程序。建立故意隐瞒食品安全信息的惩戒机制，促使监管部门恰当履行公开食品安全信息的义务。

完善食品安全有奖举报制度，激励社会公众积极参与食品安全治理。建立食品安全有奖举报平台，建立举报人匿名举报和匿名领取奖金的机制；按食品安全违法货值的 20%～30% 给举报人发放奖金。建立完善的举报人保护体系和机制，确保举报人的人身、财产以及个人信息的安全。

强化食品安全风险交流制度。在食品安全法中明确规定确立"国家建立食品安全风险交流制度"，扩大食品安全风险交流的范围，具体规定风险交流的程序、机制、方式和交流结果的使用等内容，促进形成监管部门与媒体之间的良性互动关系，使风险交流制度切实发挥作用。

强化食品经营者的责任意识。加强食品生产经营违法处罚的信息公开，建立食品安全违法企业黑名单制度、食品安全违法信息公示制度或食品安全生产经营者信用档案制度，对于有重大违法行为的食品生产经营企业及其法定代表人、主要责任人，取消或严格限制其继续从事食品生产经营的资格，从而强化食品生产经营者的责任意识和共治理念。

将食品安全知识纳入国民教育，加强食品添加剂科普宣传，培育公众共治能力，培训公众共治方法。赋予各级消费者组织食品安全公益诉讼主体资格，切实增加全社会的食品安全知识，提高全社会参与食品安全社会共治的意识和能力。

（四）提高食品安全标准的科学性

继续完成标准整合工作，加快完善我国食品安全标准体系。继续做好标准跟踪评价。加强地方标准管理，对照国家标准要求，加快清理、修订或废止地方标准。准确界定和厘清食品安全国家标准、地方标准和企业标准之间的关系，以及食品安全标准和农产品质量安全标准之间的关系，为食品生产和食品安全监管提供明确、具体的执行依据。

切实增加食品安全标准制定的公开程度和科学性，按照食品安全社会共治原则的要求，实现食品安全标准制定的过程公开，充分吸收公众和专业技术机构参与标准制定。有效提高食品安全标准的科学性，确保食品安全标准既符合病理学、毒理学标准，又符合我国居民的膳食结构。

加大食品安全标准的宣传力度，引导公众理性认识、准确理解我国的食品安全标准。

（五）着力加强食品安全风险治理

加快食品安全风险监测基础建设。要尽快在全国所有县级行政区域建立食品安全风险监测点和食源性疾病监测哨所医院，实现食品安全风险监测的全覆盖。继续完善风险监测结果通报、会商机制，有效防控重大风险。疾控机构和医疗机构要进一步规范食源性疾病管理工作，配备专门人员，落实工作责任。国家风险监测省级中心要加强风险监测质量控制和技术管理，统筹监测任务分配、资源调配，加大培训力度，落实监测任务，保障数据质量。逐步公开食品安全风险监测评估数据以及食品安全标准制定过程中的专家信息披露、会议纪要、对行业协会、消费者组织意见采纳与不采纳情况等实质性食品安全信息，以数据的公开和过程的透明回应公众的质疑，满足公众的知情权。

加强风险评估工作管理。要继续认真开展食物消费量调查和居民膳食结构数据库建设，进一步加强毒理学、流行病学、评估技术和实验室监测等学科建设，为风险评估提供科学数据。加强食品新原料安全性评估工作。要建立独立及时公布食品安全风险评估结果的制度，提高风险评估结果的利用率。

尽快建立风险信息交流平台。监管部门要切实增强责任意识，推动风险信息交流工作落到实处、取得实效。要以乳制品、肉制品、白酒、植物油四类食品为重点，按照分类建设、分别管理的原则，尽快委托有关食品检测技术机构加快建立风险信息交流平台，尽快开展风险信息收集、分析、研判和报告等工作。

切实加强风险交流。要继续推动风险交流写入食品安全法，努力实现食品安全风险交流的制度化、规范化。提高职能部门和技术机构开展风险交流的主动性和及时性。建立完善企业食品安全问题和风险信息报告制度,推动食品生产企业、技术机构、各级监管部门共同抓好食品安全风险信息交流工作落实。通过采取多种形式、多种渠道、多元主体的风险交流,切实增加公众的食品安全知识,有效化解食品安全危机,构建健康有序的食品安全治理环境。按风险高低建立食品安全事件分级报道制度,提升媒体的责任意识和能力。

此外,还要加大对生态环境的监管和治理,从源头保障食品安全治理。从国家安全的高度,进一步增强食品安全领域的国际合作,尤其要更加深度地参与国际食品规则的制定。在 2015 年中央农村工作会议上,党中央、国务院围绕建设农业现代化、加快农业发展方式转变,对食品安全治理也提出了明确要求,即加强县乡食品安全能力建设,建立全程可追溯、互联共享的农产品质量和食品安全信息平台,开展食品安全城市创建活动;健全食品安全监管综合协调制度,强化地方政府法定职责;落实生产经营者主体责任,严惩各类食品安全违法犯罪行为,提高群众安全感和满意度。食品安全治理工作应当以落实中央农村工作会议的要求为出发点和落脚点,切实提高食品安全水平。

第一章 食品安全法治发展概况

第一节 食品安全法律体系

  食品安全法律体系，是指由食品生产和流通相关的法律、法规、规范性文件以及包括安全质量标准、安全质量检测标准在内的各项标准所构成的有机体系，涉及食品的种植（养殖）、加工、运输、包装、销售、消费、卫生监管的全过程。我国有关食品安全的立法进程从新中国成立后不久就已经提上日程，政府对关乎百姓生命健康的食品卫生问题高度重视，1950年首先建立了卫生部药品食品检验所，以用于食品卫生的监督管理，1953年由卫生部颁布了新中国成立后的第一部涉及食品卫生的单行法规《清凉饮食物管理暂行办法》，卫生防疫站也在这个时期应运而生，随着1964年国务院颁布的《食品卫生管理办法试行条例》的实行，表明我国加快了对食品卫生的法治进程，加大了食品卫生的全方位管理。1974年我国逐步在卫生防疫站内设立了食品卫生监督检验机构以便于重点把握食品卫生的预防工作。1979年国务院颁发的《食品卫生管理条例》标志着我国对食品卫生的管理已逐步向法治化、规范化、全面化转变，我国食品卫生管理工作也全面进入发展新阶段。《食品卫生法（试行）》于1982年第五届人大常委会上审议通过，该法为此后1995

年颁布的《食品卫生法》打下了良好的基础，我国的食品安全从此迈入法制化轨道。

1995 年至 2009 年，食品安全法律体系是由《食品卫生法》为主导，《食品卫生行政处罚办法》《食品卫生监督程序》等数部单行的有关食品安全的法律以及《中华人民共和国消费者权益保护法》（以下简称《消费者权益保护法》）《中华人民共和国传染病防治法》（以下简称《传染病防治法》）《刑法》等法律中有关食品安全的相关规定构成的。2009 年《食品安全法》颁布至今，我国已形成了一个门类相对齐全，结构相对完整的体系，涉及法律、行政法规和部门规章三个层次，共同构成了一个相互作用、相互联系的有机整体。

一、法律

我国现行的食品安全法律包括《食品安全法》《消费者权益保护法》《中华人民共和国产品质量法》（以下简称《产品质量法》）《中华人民共和国国境卫生检疫法》（以下简称《国境卫生检疫法》）《中华人民共和国进出口商品检验法》（以下简称《进出口商品检验法》）《中华人民共和国农产品质量安全法》（以下简称《农产品质量安全法》）《中华人民共和国种子法》（以下简称《种子法》）《中华人民共和国农业法》（以下简称《农业法》）《刑法》《中华人民共和国动物防疫法》（以下简称《动物防疫法》）《中华人民共和国进出境动植物检疫法》（以下简称《进出境动植物检疫法》）《中华人民共和国计量法》（以下简称《计量法》）《中华人民共和国标准化法》（以下简称《标法化法》）等。

二、行政法规

行政法规包括《中华人民共和国食品安全法实施条例》《国务

院关于加强食品等产品安全监督管理的特别规定》《中华人民共和国工业产品生产许可证管理条例》《中华人民共和国认证认可条例》《中华人民共和国进出口商品检验法实施条例》《中华人民共和国进出境动植物检疫法实施条例》《中华人民共和国兽药管理条例》《中华人民共和国农药管理条例》《中华人民共和国标准化法实施条例》《无照经营查处取缔办法》《饲料和饲料添加剂管理条例》《农业转基因生物安全管理条例》和《中华人民共和国濒危野生动植物进出口管理条例》等，从各个方面和环节规范了影响农产品质量安全的要素。

地方性法规主要有《上海市实施〈中华人民共和国食品安全法〉办法》《浙江省实施〈中华人民共和国食品安全法〉办法》。

三、部门规章

部门规章包括《食品生产加工企业质量安全监督管理实施细则（试行）》《中华人民共和国工业产品生产许可证管理条例实施办法》《食品卫生许可证管理办法》《食品添加剂卫生管理办法》《进出境肉类产品检验检疫管理办法》《进出境水产品检验检疫管理办法》《流通领域食品安全管理办法》《农产品产地安全管理办法》《农产品包装和标识管理办法》和《出口食品生产企业卫生注册登记管理规定》等。

经过不断建设，我国的食品安全法规体系日益更新、完善。迄今为止，我国已形成了以《食品安全法》为主导，以《产品质量法》《农业法》《农产品质量安全法》等法律为基础，以涉及食品安全要求的大量技术标准等法规为主体，以各省及地方政府关于食品安全的规章为补充的，由法律、行政法规、部门规章、地方性法规及相关的司法解释构成的体系。2010 年《刑法修正案（八）》对食品安全犯罪立法作出了重大修改，2010 年我国成立国务院食品安全委员会，2013 年组建国家食品药品监督管理总局。相关举措覆盖体制机构改革、立法、执法和司法等各个层面，极大地改善了我国食品安全的形势。

但是，由于条文规定数量较多，调整和规范的事项也较多，法律体系依然不健全，缺乏完整性和系统性，有待进一步完善。

第二节 食品安全行政

一、执法体制

2013 年，国务院进行了机构改革的实施方案的探索，充分利用有利因素，推进一些重点领域的机构调整；在充分考虑目前经济社会发展面临的各种复杂问题和风险的基础上，也维持国务院机构总体相对稳定性。但是一些社会长期存在并且高度关注的问题，仍然需要适时调整机构和职能调整加以解决。我国组建国家食品药品监督管理总局，是为了提高食品药品安全质量水平。目前，人民群众对食品安全问题高度关注，提出更多样化、高标准的要求。而我国的现行食品安全监督管理体系，既存在重复监管，也存在监管上的"盲点"，这不利于食品安全监管责任的落实。药品监督管理能力也需要加强，需整合相关机构和职责，实行食品药品领域的统一监督管理。

国务院机构改革方案中已经表明，整合食品安全办、食品药品监管局的职责，并衔接质检总局的生产环节食品安全监督管理职责、工商总局的流通环节食品安全监督管理职责，最终成立国家食品药品监督管理总局。力图实现国家对食品和药品在各个环节的统一监督管理等。并且进一步将工商行政管理、质量技术监督部门相应的食品安全监督管理队伍和检验检测机构划转食品药品监督管理部门。国务院成立食品安全委员会，食品药品监管总局承担其具体的工作。

食品安全监督管理职能衔接和责任明确十分重要。新组建的国家卫生和计划生育委员主要负责食品安全风险评估和食品安全标准的制定；农业部主要负责农产品质量安全的监督管理，同时，商务部原先负责的生猪定点屠宰监督管理职责也一并划入农业部。

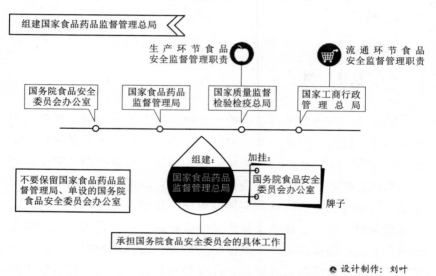

图1　组建国家食品药品监督管理总局①

"改革后，食品药品监督管理部门要转变管理理念，创新管理方式，充分发挥市场机制、行业自律和社会监督作用，建立让生产经营者真正成为食品药品安全第一责任人的有效机制，充实加强

---

① 资料来源：新华网，http://news.xinhuanet.com/politics/2013-03/11/c_124441474. htm，访问时间：2015年1月30日。

基层监管力量，切实落实监管责任，不断提高食品药品安全质量水平"。①

二、执法制度

新的《食品安全法》修改草案为进一步保障食品安全，明确以下制度。

（一）制订食品安全年度监管计划

由县级以上人民政府组织本级的食品药品监督管理部门、质量监督、农业行政等部门制定该行政区域内的食品安全年度监督管理计划。并按照年度计划组织开展工作，逐项落实，确保取得实效。其中，年度计划应将以下事项作为监督管理重点：（1）专供婴幼儿和其他特定人群的主辅食品等特殊食品；（2）保健食品生产过程中的添加行为和按照经注册或者备案的技术要求组织生产的情况，市场上销售的保健食品标签、说明书以及宣传材料中有关功能宣传的情况；（3）发生食品安全事故风险较高的食品生产经营者；（4）食品安全风险监测结果表明可能存在食品安全隐患的事项。

（二）信用档案制度

食品生产经营者的信用档案由县级以上人民政府食品药品监督管理部门建立。档案主要记录许可颁发、日常监督检查结果、违法行为查处等情况，还可以包括行业协会的评价、新闻媒体舆论监督信息、认证机构的认证情况、消费者的投诉情况、责任约谈情况和整改情况等其他有关食品生产经营者的食品安全信息。档案中记录的信息应实时更新并向社会公开。对于信用档案中有不良信用记录

① 马凯："关于国务院机构改革和职能转变方案的说明——2013 年 3 月 10 日在第十二届全国人民代表大会第一次会议上"，载《中国机构改革与管理》2013 年第 4 期。

的食品生产经营企业，监督管理部门应当增加监督检查的频次。信用档案的建立是实施食品安全信用制度的基础，对于打击生产经营者的失信行为、督促企业诚信生产经营、促进食品行业的稳定和发展具有重要意义。

（三）责任约谈制度

食品安全监管领域的约谈制度主要包括以下三种情形：（1）食品生产经营过程中存在安全隐患，未及时采取措施消除的，县级以上人民政府食品药品监督管理部门可以对食品生产经营者的法定代表人或者主要负责人进行责任约谈；（2）县级以上人民政府食品药品监督管理等部门未及时发现食品安全系统性风险、未及时消除监督管理区域内的食品安全隐患的，本级人民政府可以对其主要负责人进行责任约谈；（3）地方人民政府未履行食品安全职责、未及时消除区域性重大食品安全隐患的，上级人民政府可以对其主要负责人进行责任约谈。责任约谈情况和整改情况应当纳入食品生产经营者食品安全信用档案、地方人民政府和有关部门食品安全监督管理工作评议、考核记录。

通过谈话，向违法违规主体通报事实及其行为的严重性，剖析发生该违法违规行为的原因，并要求其立即采取有效措施，对食品安全及其监督管理工作进行整改，及时消除食品安全隐患，切实提高食品安全保障水平。

（四）食品安全信息统一公布制度

国家建立统一的食品安全信息平台。国务院食品药品监督管理部门统一公布国家食品安全总体情况、食品安全风险警示信息、重大食品安全事故及其调查处理信息和国务院确定需要统一公布的其他信息。省、自治区、直辖市人民政府食品药品监督管理部门公布影响限于该行政区域的食品安全风险警示信息和重大食品安全事故及其调查处理信息。县级以上人民政府食品药品监督管理、质量监督、农业行政部门依据各自职责公布食品安全日常监督管理信息。以上各部门应当相互通报获知的食品安全信息。获知需要统一公布的信息后，应立即向上级主管部门报告，由上级主管部门立即报告国务院食品药品监督管理部门。必要时，可以直接向国务院食品药品监督管理部门报告。以上部门公布食品安全信息，应当做到准确、及时，并进行必要的解释说明，避免误导。任何单位和个人不得编造、散布虚假食品安全信息。[①]

三、执法机制

食品药品监督管理部门积极创新，探索激励和约束相结合的部门协作机制、绩效考评机制、典型示范机制、责任约谈机制、分类管理机制、督察督办机制等，进一步完善食品安全保障体系。

（一）部门协作机制

食品安全治理工作坚持统一协调和分工负责相结合，严格落实监管责任，强化协作配合。建立健全科学合理、职能清晰、权责一致的食品安全部门监管分工，综合协调，完善监管制度，优化监管方式，强化生产经营各环节监管，形成相互衔接、运转高效的食品安全监管格局。建立跨部门、跨地区食品安全信息通报、联合执法、隐患排查、事故处置等部门协作机制，有效整合各类资源，提高监管效能。加强食品生产经营各个环节监管执法的密切协作，发现问题迅速调查处理，及时通知上游环节查明原因、下游环节控制危害。由县级以上地方政府统一负责本地区食品安全工作，建立健全食品安全综合协调机构，强化食品安全保障措施，完善地方食品安全监管工作体系。结合本地区实际，细化部门

---

① 执法制度的相关内容可参见《食品安全法（修订草案二次审议稿）》第八章。

职责分工，发挥监管合力，堵塞监管漏洞，着力解决监管空白、边界不清等问题。①

（二）绩效考评机制

食品安全工作落实严格责任追究制度。上级政府要对下级政府进行年度食品安全绩效考核，并将考核结果作为地方领导班子和领导干部综合考核评价的重要标准。将食品安全监管的绩效考核工作以动态考核与年度考核相结合的方式进行。在考核方式上，改变原来单一的国家食品药品监督管理局检查制度，初步建立省食品药品监督管理单位交叉互查方式。完善食品安全事故责任追究机制，加强行政问责力度。通过绩效考核，进一步推动食品药品安全监管工作的贯彻落实。

（三）典型示范机制

基于实现社会共治、节约监管成本、促进食品企业自律精神的养成、发挥行政指导的优势，食品安全监管部门创立创新典型示范机制。通过建立一批模范单位、丰富推广一批先进食品安全经验，充分发挥餐饮服务食品安全示范单位的带头作用，进一步提高餐饮服务食品安全保障水平。在全国创建数百个餐饮服务食品安全示范县（含县级市、区）、数千条餐饮服务食品安全示范街、数万个餐饮服务食品安全示范单位（店、食堂），形成点线面相结合的多层次、全方位、全业态的餐饮服务食品安全示范群体，充分发挥示范单位的引领带动辐射作用，促进餐饮服务食品安全保障水平的稳步提升。②

---

① 《国务院关于加强食品安全工作的决定》（国发〔2012〕20号）。
② 《关于印发餐饮服务食品安全百千万示范工程建设指导意见的通知》（国食药监食〔2010〕235号）。

（四） 责任约谈机制

为进一步加强食品药品安全监管、落实企业主体责任、提升食品药品质量管理水平、预防食品药品安全事故的发生，提高监管效能，切实保障公众饮食用药安全，逐步建立责任约谈制度。食药部门约请相关企业和食药系统各级负责人，要求相关负责人员当面通报情况、学习法律法规、分析问题成因、提出整改措施，从而明确相关主体的责任，力图从源头上解决食品安全问题，排除隐患。

（五） 分类管理机制

本制度主要是针对药品管理而言，对于药品的分类管理是国际上的通行做法。是指在药品的安全性、有效性原则的指导下，根据药物的品种、规格、适应症、剂量及给药途径等的不同，对药品作出处方药和非处方药的分类，并且制定相应的管理规定。新中国成立以来，我国已先后实行了对麻醉药品、精神药品、医疗用毒性药品、放射性药品和戒毒药品的分类管理。重点加强对处方药的管理，规范非处方药的使用，减少不合理用药事件的发生，从而切实保证人们用药的安全有效。

（六） 督查督办机制

本制度是为保证重大食品药品安全违法案件依法办理、规范督办工作，建立职责明确、协调统一、运转有序的工作机制，提高案件查处工作效率和质量。上级食品药品监督管理部门对下级食品药品监督管理部门查办重大案件的调查、违法行为的认定、法律法规的适用、办案程序、处罚及移送等环节实施协调、指导和监督。①

---

① 《食品药品监管总局关于印发重大食品药品安全违法案件督办办法的通知》（食药监稽〔2014〕96 号）。

四、执法能力

执法能力的构成要素主要包括制度、权力、人力、财力、技术和信息。它们之间相互配合，共同在食品安全执法实践中发挥作用。

（一）制度要素

完善的制度是食品安全行政执法有效运作的保障。食品安全行政执法主体内部的组织结构、运作机制、激励机制和协调机制决定了食品安全行政执法的效能。国家食品药品监督管理总局下设法制司、监管一司、二司、三司、稽查司、应急管理司、科技与标准司、新闻宣传司、人事司、规划财务司等承担相应分工，同时承担食品安全监督管理综合协调的任务，建立健全协调联动机制，并且督促省级人民政府履行食品安全监督管理职责并负责考核评价。

（二）权力要素

一方面，权力资源保障了食品安全行政执法的强制力，这是执法能力的重要体现；另一方面，权力过度膨胀也会导致执法偏离公共利益，滋生腐败。食品安全关乎国计民生，在监管中需要一种"保守"的思维，食品安全执法主体的职权范围在政府责任的领域应该有所扩张。在中国当今的行政体制之下，地方职能部门的执法运作很大程度上是受地方政府管理的，中央和上级职能部门的纵向行政执法垂直管理相对弱化。

（三）人力要素

人力资源的数量和质量是食品安全行政执法的前提和主导。人力资源和执法能力之间存在倒 U 形的函数关系，即人力资源存在最佳的配置状态，超过这个状态之后，继续增加人员数量反而导致降低执法能力。针对食品安全的执法工作，要求执法人员在具备一般执法技术知识的基础上，还要具备相关食品行业的专业素养。近年来，我国的食品安全行政执法机构开展了多项提升执法人员执法能力的相关培训，如 2012 年 3 月，国家食品药品监督管理总局印发《国家食品药品监督管理局 2012 年培训计划》，全面启动各项重大人才工程，组织实施重点培训项目，加大对机关各类监管人员的培训，创新培训内容和方式。2012 年 6 月，国家食品药品监督管理总局举办第 6 期省及副省级市食品药品监督管理局负责人培训班，采取课堂讲授、案例教学、专业调研与社会考察等方式。此外，还初步建立了食品药品监管教育培训的教材体系。

（四）财力要素

财力是食品安全行政执法能力赖以存在的经济基础，食品安全执法需要加大财政投入的力度，保障行政监管执法和刑事执法所需的装备、检测设备和工作经费。2012 年，落实国家食品药品监督管理局部门预算 5.55 亿元，落实中央转移地方专项资金 15 亿元，新增"地（市）级食品药品检验机构能力建设"项目，鼓励优先动用以往年度专项资金结余，让资金分配更加贴近实际需要，提高资金使用效率。

（五）技术要素

由于现代食品安全问题的科技含量高，对于其高效执法必然依赖于一定的科学技术。制定各类食品安全执法标准，检查执法过程中稽查物品是否达标，行政机关都需要高效的技术手段和设备，才能保证食品安全执法的合法与合理。各地方检测设备或者手段的滞后，往往带来各种问题和隐患。故而，提高科技水平、更新技术手段和检测设备有利于避免或者降低食品安全行政执法的风险。

（六）信息要素

信息资源渗透在食品安全行政执法的各个环节，是执法效能的集中体现。食品安全行政执法中，职能不同的部门在各自的执法过程中调查的关于相对人或该产品、食品的相关信息应当实现共享，从而节约行政监管成本，避免可能存在的监管疏漏。2012 年，国家食品药品监督管理总局继续推进行政许可管理信息系统、保健食品业务管理信息系统建设工作。行政许可管理信息系统大部分功能模块已经上线试行，并根据局机关相关司局的要求对系统功能进行完善。为了加强国家食品药品监督管理局信息化建设，促进食品药品监管系统数据共享和业务协同，提升数据管理水平，国家食品药品监督管理局信息中心加挂"中国食品药品监管数据中心"的牌子。"此外，由于食品安全领域存在着很多当前科学水平仍然不能完全认识的情况，如实践之中毒豆芽情况。所以，建立行政相对人的诚信档案制度非常重要。对食品检测的技术手段，仅仅局限于质谱和色质联机，而由于我们的科技发展的落后与不均衡，导致质谱数据库得不到及时更新，从而延误检测的准确性。"① 这时，食品企业的诚信显得尤为重要，单纯依靠检测手段是不可能对食品中的所有成分和含量进行检测的，只有生产者才能完全清楚。

第三节　食品安全司法审判

人民法院涉及食品安全的审判领域覆盖了刑事、民事和行政等各个方面。刑事方面，危害食品安全犯罪主要指《刑法》第 143 条

---

① 葛自丹："行政执法风险的内控机制初论——以食品安全执法为例"，载《当代法学》2014 年第 5 期。

规定的生产销售不符合安全标准的食品罪和第 144 条规定的生产销售有毒、有害食品罪。与食品安全有关的罪名还包括《刑法》第 140 条规定的生产、销售伪劣产品罪、第 225 条规定的非法经营罪等。2011 年《刑法修正案（八）》对生产、销售不符合安全标准的食品罪以及生产、销售有毒、有害食品罪的认定标准、量刑幅度等进行了修改，同时增设食品安全监管渎职罪，加大对国家机关工作人员的追责力度。最高人民法院、最高人民检察院于 2013 年 5 月 3 日联合公布了《关于办理危害食品安全刑事案件适用法律若干问题的解释》，自 2013 年 5 月 4 日起施行。该解释进一步明确了危害食品安全犯罪的定罪量刑标准以及相关罪名的司法认定标准，是人民法院依法惩治危害食品安全犯罪的重要依据。民事方面，与食品安全有关的案件主要在消费者权益保护案件中有涉及，既可能是侵权责任法中的产品责任问题，也可能是有关食品安全的违约责任问题、虚假广告问题等。最高人民法院于 2014 年 1 月 9 日公布了《关于审理食品药品纠纷案件适用法律若干问题的规定》，2014 年 3 月 15 日正式实施。该司法解释对适用《消费者权益保护法》《食品安全法》以及《中华人民共和国侵权责任法》（以下简称《侵权责任法》）的相关具体规则进行了明确，是人民法院审理与食品安全有关民事案件的重要法律依据。行政审判中涉及因食品安全监管引起的行政处罚案件以及部分起诉行政机关不履行法定职责的案件，由于缺乏行政案件中涉及食品安全案件的专门统计和调研，本节对行政案件不单独涉及。值得注意的是，随着全社会知识产权意识的增强，与知识产权尤其是商标权有关的食品安全案件时有发生，食品安全犯罪与假冒注册商标罪、销售假冒注册商标的商品罪等罪名之间也有了交叉，侵害商标权民事案件中同样有食品安全问题。与食品安全有关的审判领域有了进一步的延伸。

一、食品安全刑事审判

（一）总体案件情况

食品安全犯罪案件总体上呈逐年上升趋势。2014 年 1~10 月，全国法院一审受理生产、销售不符合安全标准的食品案 1 862 件，审结 1 587 件；受理生产、销售有毒、有害食品案 3 974 件，审结 3 611 件。而在 2013 年上述数字分别为 541、476 和 1 825、1 606，生产、销售不符合安全标准的食品案受理案件数增长幅度为 244%，生产、销售有毒、有害食品案增长幅度也达到 118%。根据最高人民法院对 2008~2012 年食品药品安全犯罪的一份统计分析①，该五年间，全国各级法院共受理生产、销售有毒食品案，不符合安全标准的食品案 1 953 件，审结 1 789 件，其中生产、销售有毒、有害食品罪是主体，受理 1 518 件，审结 1 379 件，占全部食品犯罪案件近八成。可见食品安全犯罪数量增长迅猛，2014 年 1~10 月受理的生产、销售不符合安全标准的食品案数量已经接近于 2008~2012 年五年间两个罪名受理的案件之和。生产、销售有毒、有害食品案仍然是危害食品安全犯罪的主要部分，占全部案件的 68%，但已经低于 2008~2012 年间 80% 的比例。

2014 年 1~10 月，生产、销售不符合安全标准的食品案生效判决人数达到 2 462 人，其中免予刑事处罚 41 人，给予刑事处罚 2 421 人，刑事处罚率达 98%。其中被处以重刑（5 年以上有期徒刑至死刑）的 16 人，3~5 年有期徒刑 17 人，3 年以下有期徒刑 829 人，拘役 559 人，有期徒刑、拘役缓刑的 950 人，管制 3 人，单处罚金的 7 人。

2014 年 1~10 月，生产、销售有毒、有害食品案生效判决人数

---

① 袁春湘、丁冬、陈冲："我国食品药品安全犯罪的治理——2008~2012 年全国法院审理食药犯罪案件的统计分析"，载《人民司法》2013 年第 19 期。

4 190 人，宣告无罪 6 人，免予刑事处罚 21 人，给予刑事处罚 4 163 人，刑事处罚率达到 99%。其中被处以重刑的 74 人，3～5 年有期徒刑 45 人，3 年以下有期徒刑 1 876 人，拘役 79 人，有期徒刑、拘役缓刑的 2 080 人，管制 1 人，单处罚金的 8 人。

（二）案件特点

（1）犯罪案件集中在东部省份，地域化特征明显。根据同一份统计资料①，2008～2012 年，辽宁、浙江、广东、北京、河南、上海、江苏等地法院的食品药品犯罪案件审结量均保持在 200 件以上，位居全国前列，体现出食品药品安全案件的发生与经济发展水平存在一定的相关性。

（2）刑事处罚率高、重刑率低，有期徒刑、拘役缓刑和 3 年以下有期徒刑比重高。2014 年 1～10 月，生产、销售不符合安全标准的食品罪以及生产、销售有毒、有害食品罪生效判决人数 6 652 人，给予刑事处罚 6 584 人，刑事处罚率接近 99%。但被判处重刑的仅 90 人，占 1.37%；被处以 3～5 年有期徒刑的 62 人，占 0.94%；3 年以下有期徒刑 2 705 人，占 41%；有期徒刑、拘役缓刑 3 030 人，占 46%。

（3）犯罪手段多样化，共同犯罪案件较多。犯罪分子往往形成分工明确、结构稳定的犯罪网络，在假劣食品的生产、仓储、营销、运输等环节中相互配合，形成产供销一条龙的犯罪链条。随着网络销售和物流的快速发展，一些犯罪分子利用网络、快递等渠道进行假劣食品的销售，逃避日常监管。一些专业技术人员参与犯罪过程，犯罪呈现"高科技化"。例如，为对抗食品的检验检测而研制出可以使假劣食品"合格"的化学物质。又如，近年来全国各地发生的瘦

---

① 袁春湘、丁冬、陈冲："我国食品药品安全犯罪的治理——2008～2012 年全国法院审理食药犯罪案件的统计分析"，载《人民司法》2013 年第 19 期。

肉精案件中，一些瘦肉精配方就来自高校等科研机构的人员之手。①

（三）《关于办理危害食品安全刑事案件适用法律若干问题的解释》相关问题

该司法解释中对食品安全犯罪案件中的若干难点问题进行了明确，对进一步指导司法实践，加大打击危害食品安全犯罪力度并保证法律适用的统一有重要作用。

（1）司法解释对《刑法》第143条规定的"足以造成严重食物中毒事故或者其他严重食源性疾病"进行了细化，列举出若干情形，如含有严重超出标准限量的致病性微生物、农药残留等，只要具有这些情形的即可认定足以造成刑法规定的危险。由于证明不符合安全标准的食品和严重危害人体健康之间的因果关系具有相当难度，司法解释采取的这种一般性、客观推定式的认定方法，将实践中具有高度危险性的典型情形予以类型化，具有很强的操作性，解决了司法实践中认定难的问题。

（2）司法解释对于使用食品添加剂以及食品非法添加行为的定性进行了规定。明确了违反食品安全标准，超限量或者超范围滥用食品添加剂，足以造成严重食物中毒事故或者其他严重食源性疾病的，依照生产、销售不符合安全标准的食品罪定罪处罚。而使用有毒、有害的非食品原料加工食品的，依照生产、销售有毒、有害食品罪定罪处罚。《刑法》第144条仅规定了在生产、销售的食品中掺入有毒、有害的非食品原料的行为方式，但如在"地沟油"犯罪中犯罪分子直接使用餐厨垃圾、废弃油脂等有毒、有害的非食品原料生产、加工地沟油，其行为比"掺入"的危害性更大，有必要以该条规定对此行为予以制裁。这一观点在2012年《最高人民法院、最高人民检察院、公安部关于依法严惩"地沟油"犯罪活动的通知》

---

① 袁春湘、丁冬、陈冲："我国食品药品安全犯罪的治理——2008~2012年全国法院审理食药犯罪案件的统计分析"，载《人民司法》2013年第19期。

中已经得到明确，司法解释予以重申。

（3）司法解释对与食品安全犯罪有关的其他罪名的确定以及竞合时的处理作出了规定。比如，该司法解释第 10 条规定，生产、销售不符合安全标准的食品添加剂、用于食品的包装材料等或者用于食品生产经营的工具、设备等的行为，依照生产、销售伪劣产品罪定罪处罚。第 12 条规定，私设生猪屠宰厂（场），从事生猪屠宰、销售等经营活动，情节严重的，依照非法经营罪定罪处罚。如果同时构成生产、销售不符合安全标准的食品罪，生产、销售有毒、有害食品罪等的，依照处罚较重的规定定罪处罚。第 13 条又从整体上规定了构成危害食品安全犯罪，又同时构成其他犯罪的，依照处罚较重的规定定罪处罚。上述规定有利于人民法院处理案件时对相关行为准确定性，并促进法律适用的统一。

（4）司法解释规定了对危害食品安全犯罪从严适用缓刑、免予刑事处罚，并且对于符合条件可以适用缓刑的犯罪分子，应当同时宣告禁止令，禁止其在缓刑考验期内从事食品生产、销售及相关活动。考虑到前述危害食品安全犯罪案件中缓刑适用比例较高的现状，禁止令的制度可以有效防止犯罪分子在缓刑考验期内重操旧业。

（5）司法解释对"有毒、有害的非食品原料"进行了界定。一方面，司法解释明确，法律、法规禁止在食品生产经营活动中添加、使用的物质、国务院有关部门公布的《食品中可能违法添加的非食用物质名单》《保健食品中可能非法添加的物质名单》以及国务院有关部门公告禁止使用的农药、兽药以及其他有毒、有害物质等属于"有毒、有害的非食品原料"；另一方面，对于难以确定的，司法机关可以根据检验报告并结合专家意见等相关材料进行认定。对于解决目前司法实践中认定难的问题有一定帮助。

（四）实践中值得推广的经验和做法

（1）加强行刑衔接。食药监监管领域行刑衔接机制的推进，是近年来食品安全犯罪案件总体逐年上升的重要因素。行政监管是解决食品安全的重要防线，行刑衔接是加强食品安全监管工作的重要机制。如果提高行政执法中取证的针对性、有效性，将对后续司法审判有积极的影响。食品行政执法与刑事司法的衔接和联动，有利于加大食品安全犯罪的惩治力度。

（2）加强司法建议，延伸司法功能。人民法院在审理食品安全犯罪案件的过程中，会发现食品安全监管方面的漏洞以及薄弱环节，通过向有关监管机关提出司法建议的方式，促进源头治理，强化犯罪预防，如河南省法院在 2013 年开展打击危害食品、药品安全犯罪专项活动中，驻马店、鹤壁、平顶山等地法院分别就在案件审理中发现的食品安全监管不及时、不到位，食品生产经营审批、许可制度执行不严格，食品生产从业人员法律意识淡薄等问题，向当地政府和有关监管部门发出了司法建议。

二、食品安全民事审判

民事领域主要涉及消费者因购买食品发生纠纷，向人民法院提起的诉讼。可能是违约纠纷，也可能是侵权纠纷，还有可能涉及人身损害，案件会受到《食品安全法》《消费者权益保护法》《中华人民共和国合同法》（以下简称《合同法》）《侵权责任法》等一系列法律法规的调整。而且，由于食品安全纠纷并非独立的案由，人民法院在统计上很难将其作为一类单独进行统计。据不完全统计，2010~2012 年，人民法院受理的消费者权益纠纷中涉及食品药品纠纷的案件共计 13 216 件，其中 2010 年为 4 080 件，2011 年 4 513 件，同比上升 9.59%；2012 年 4 623 件，同比上升 2.44%。

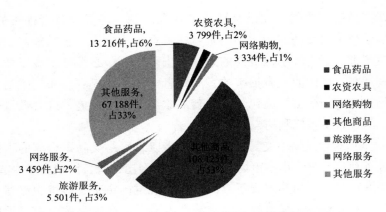

图2 2010~2012年全国法院受理消费者权益纠纷案件

最高人民法院于2013年12月23日公布了《关于审理食品药品纠纷案件适用法律若干问题的规定》，考虑到该司法解释中许多内容涉及《消费者权益保护法》的内容，而该法修订后于2014年3月15日施行，该司法解释也于2014年3月15日起实施。司法解释规定的内容很广泛，对于消费者与食品生产者、销售者、广告经营者、广告发布者、推荐者、检验机构、认证机构等之间发生的纠纷均有所涉及。而且，只要是因购买食品而产生的合同纠纷或侵权纠纷都可适用该司法解释，而不仅仅限于因食品质量安全问题引起的纠纷。该司法解释明确了食品安全纠纷中的一系列重要问题：

（1）确认知假买假的购买者为消费者。此问题在司法实践中长期存在不同观点，影响了法律的统一实施。本次司法解释规定：生产者、销售者以购买者明知食品存在质量问题仍然购买为由进行抗辩的，人民法院不予支持。明确了一般的知假买假者可以主张消费者依法享有的权利。主要是考虑到知假买假者的行为客观上能够有效抑制制假售假，对于打击无良商家、维护消费者权益具有积极意义。

（2）明确赠品出现质量安全问题，生产者、销售者也应承担责任。消费者对赠品虽未支付对价，但实际上赠品的成本已经分摊到付费商品中，故赠品如果出现质量安全问题、造成消费者损害的，仍然应当承担责任。考虑到消费者毕竟在形式上无偿获得赠品，故对生产者、销售者承担责任的条件作出限定，即必须是出现了质量安全问题，造成消费者损害的，消费者才能主张权利。如果赠与的食品符合安全标准，但包装或者食品本身质量有瑕疵，或者数量短缺，消费者主张权利的，人民法院一般不予支持。

（3）对食品集中交易市场的开办者以及网络交易平台等的责任进行了规定。对于集中市场的开办者、柜台出租者、展销会举办者，司法解释规定，如其未履行食品安全法规定的审查、检查、管理等义务，发生食品安全事故，致使消费者遭受人身损害的，应当承担连带责任。而对于网络交易平台提供者，规定如果其不能提供食品生产者或者销售者的真实名称、地址、有效联系方式的，消费者可以请求该平台提供者承担责任。如果其知道或者应当知道生产者、销售者利用其平台侵害消费者合法权益、未采取必要措施的，消费者可要求其承担连带责任。

（4）规定了广告发布者、广告经营者以及代言人的责任。司法解释规定，消费者因虚假广告推荐的食品存在质量问题遭受损害，依据《消费者权益保护法》等法律，请求广告经营者、广告发布者承担连带责任的，人民法院应予支持。社会团体或者其他组织、个人利用虚假广告向消费者推荐食品，使消费者遭受损害的，消费者也可请求其与食品的生产者、销售者承担连带责任。

（5）规定了食品检验机构、认证机构的责任。司法解释区分了两种情况，即检验机构、认证机构故意出具虚假检验报告、虚假认证，造成消费者损害的，与生产者、销售者承担连带责任。如果因过失出具不实检验报告、不实认证的，应当承担的是与其过错程度相适应的补充赔偿责任。

（6）规定了民事请求权的优先保障。司法解释规定，因生产、销售的食品存在质量问题，生产者、销售者需同时承担民事责任、行政责任和刑事责任，其财产不足以支付，当事人依照《侵权责任法》等有关法律规定，请求其首先承担民事责任的，人民法院应予支持。

除上述内容之外，司法解释还对食品生产者就食品质量标准的举证责任，对生产、销售不符合安全标准的食品的惩罚性赔偿以及格式合同、"霸王条款"的效力等问题进行了规定。该司法解释出台以后，将在相当长的时间内指导人民法院处理食品相关纠纷，对于依法维护消费者权益，同时依法严惩假冒伪劣食品的生产经营者，构建规范有序、安全放心的食品市场发挥积极作用。同时，由于修改后的民事诉讼法规定了小额诉讼和公益诉讼制度，司法解释也规定了消费者协会依法可以提起公益诉讼，该两种诉讼方式在食品纠纷中应当有相当大的适用空间，需要积极探索相关制度，及时总结审判经验。

三、与知识产权有关的食品安全案件

食品安全司法审判主要涉及的是刑事审判以及传统的民事审判，但随着知识产权这种无形财产重要性的提高，社会上知识产权意识，尤其是商标意识的提高，食品安全问题在知识产权案件中也开始有所体现，尤其是与商标权有关的案件。河南省高级人民法院 2014 年4 月公布了"河南法院食品安全知识产权司法保护十大案例"，其中八件案件与商标侵权有关，另有两件分别涉及侵犯外观设计专利权和技术合同纠纷。十个案件中涉及的产品有食用油、洋酒、奶粉、餐饮、白酒、风味包子、鸡块米线、调味品、乳酸菌饮料以及冷饮等，均是人民群众生活中经常需要接触到的食品。十个案件中，"宗连贵等 28 人假冒注册商标罪案"亦被最高人民法院作为"2013 年中国法院十大知识产权案件"之一予以公布。与危害食品安全犯罪相比，假冒注册商标罪案并不以产品本身不符合安全标准或者有毒、有害为要件，认定犯罪构成的要件更明确，法律适用更清晰。当然，如果同时构成危害食品安全犯罪和假冒注册商标罪的，根据前述最高人民法院、最高人民检察院共同发布的司法解释，应当按照其中处罚重的规定定罪处罚。

最高人民法院公布的"2013 年中国法院十大知识产权案件"中，"威极"酱油侵害商标权及不正当竞争纠纷案亦是一起与食品安全有关的案件。"威极"是佛山市海天调味食品股份有限公司的注册商标，佛山市高明威极调味食品有限公司将"威极"作为其字号进行注册并在广告牌等上突出进行使用。当威极公司违法使用工业盐水生产酱油产品事件被曝光后，海天公司的市场声誉和产品销量均受到影响。海天公司因此向法院起诉威极公司侵害其商标权并构成不正当竞争，并获得法院的支持。可见，如果假冒产品涉及了食品安全问题，会对被假冒的商标所有人造成更大的损害。与普通的侵害商标权案件相比，涉及食品安全的侵权案件显然更为恶劣，对权利人品牌形象和声誉的损害都更严重，权利人因此请求的赔偿数额也会相应提高。

前述"威极"酱油案，人民法院支持了海天公司因产品销量下降导致的利润损失 350 万元，为消除影响、恢复名誉、制止侵权结果扩大而支出的合理广告费 300 万元和律师费 5 万元，判决威极公司赔偿海天公司共计 655 万元。

第四节 食品安全治理的法治化

就目前而言，中国食品治理存在诸多问题，如何保障公民食品安全，已经成为全社会的强烈共识。尽快将食品安全纳入法律控制之下，通过建立规范的、高效的、完善的法治体系，确保饮食安全，实现食品安全治理的法治化，已是当今社会人们共有的一项重要追求。

　　早在新中国成立初期，针对食品安全，我国就颁布了一系列相关卫生管理规定，自 20 世纪 50 年代，开始对食品添加剂的管理。整个六七十年代，对食品安全的法律规制与管理始终都在进行，到 1966 年 5 月前，我国共制定有关食品安全法律法规 29 篇，涉及屠宰场及场内卫生、兽医，集体伙食单位储存和加工冬春季自用蔬菜，牛羊肉经营中的回民风俗习惯的注意事项，猪禽疫病防治，食品卫生等方面，其中 1965 年 8 月 17 日国务院颁布的《食品卫生管理试行条例》具有较大影响。1979 年，国务院正式颁布《食品卫生管理条例》，1982 年通过了《食品卫生法（试行）》，对于食品安全进行监督和规范。从 20 世纪 80 年代开始，为了适应市场发展和国家对外开放的需要，我国不断加快食品安全法治化的步伐，自 1986 年国家针对食品添加剂的使用与管理，推出了专门的法律法规，如《国家标准食品添加剂使用卫生标准》等 4 部法规后，至今 30 多年间，在食品安全方面"国家制定的法律法规有 30 多种，各部委制定法规、条例、管理办法等近 100 种。同时，各地方也配套出台了许多食品安全管理办法"。① 在第十一届全国人民代表大会第七次会议上审议通过，并于 2009 年 6 月 1 日开始施行的《食品安全法》，是迄今为止代表国内食品安全领域最高立法水平，也最为权威的法律。

　　目前单从法律上讲，我国已经制定并实施了一系列旨在保证食品安全或者与之相关的法律法规，在某种程度上为我国食品安全治理的法治化奠定了一定法律基础。这主要涉及三个方面：首先是完善的食品安全法律体系，它适用于食品及其原料生产、收获、加工和销售环节所涉及的整体方面。其次是食品安全的法规规章，指根据食品安全法律制定的包括行政法规、地方性法规、部委规章和地方性规章等涉及食品链的多层式的规范性文件。最后便是食品标准，指食品行业中的技术规范，包括食品产品、卫生、工业基础及相关

---

　　① 原英群、于始编：《食品安全：全球现状与各国对策》，中国出版集团、世界图书出版公司 2011 年版，第 178 页。

标准，食品包装、容器、食品添加剂、检验方法等各类标准，以及食品卫生管理办法等。食品标准与食品安全有着不可分割的联系，是保证食品安全的重要方面，应该涵盖食品安全立法、执法和司法领域。

2009 年，在新的《食品安全法》颁布实施以前，我国采用的是两套食品安全标准，一套是国家质检总局制定的"食品质量标准"，另一套是国家卫生部制定的"国家食品卫生标准"，两套标准造成了我国食品法治方面的诸多问题和严重危害。同一食品使用不同的检验标准，得出的答案就会不同，生产者不知道参照哪个标准，消费者也难以确定是否能够购买。法律与行政法规中没有明确食品安全标准的含义，从农田到餐桌整个过程涉及的食品安全亦便缺乏全过程预防和控制的特征，生产环境、农药化肥、种子投入、动物疫病防治、食用农产品种养殖、食品加工、运输、储藏、加工等涵盖食品链条的各个环节缺乏连贯，从而造成了食品安全治理方面的许多问题。针对这些可能出现的隐患，提高食品安全立法的科学性，从20 世纪80 年代开始，一些国家和组织便提出应以食品安全综合立法替代卫生、质量、营养等要素立法。德国早在1879 年便制定了《食品法》，发展至今，其所列条款多达几十万个，几乎涵盖有关食品内容所有方面。其他一些国家及国际组织同样对此亦非常重视，如1990 年英国颁布的《食品安全法》，2000 年欧盟发表了具有指导意义的《食品安全白皮书》，日本于2003 年制定的《食品安全基本法》等。[1] 2009 年，我国制定新的《食品安全法》，将食品安全的标准重新定义，所有的生产者按照各自相关的产品进行生产，国务院并专门为此设立了食品安全委员会全面协调，表明我国对此问题也日益重视。

《食品安全法》的通过使得我国食品安全状况有所改善，但国内外关于"中国制造"的食品恶性事件仍时有发生，国外的不安全食品也频繁在我国造成损害，究其原因，尽管我国《食品安全法》发

---

① 洪涛："加快完善我国食品安全法律体系（一）"，载《黑龙江粮食》2013 年第 11 期。

布以来架构了食品安全监管体制，但是，很多情况下并未真正落实到位，《食品安全法》及其实施细则的出台对于食品安全中所存在的许多问题还未能找到切实有效的解决方法，因而立法效果亦未能充分发挥，食品安全治理法治化依然任重道远。

食品安全是一个非常重要的问题，它直接关系着我国 13 亿人的生命健康；同时我国又是食品生产、贸易（含进出口贸易）、消费大国，每年境外到我国旅游的游客亦有上亿人次，食品安全甚至有着国际影响。在经济全球化的背景下，我国食品国际贸易量不断攀升，然而作为我国食品出口国的各发达国家，大都建立了完善的食品安全法律体系，掌握先进的食品检验标准和技术，如以农药残留限量为例，欧盟对大蒜的限量有 111 项，我国只有 37 项；香菇，欧盟有 111 项，我国只有 36 项。[①] 世界上只要有一个国家因食品安全标准、卫生检疫等原因对中国食品出口进行限制，其他国家就会效仿，对中国构成贸易壁垒，影响中国食品的出口市场。我国食品出口量随着国外食品安全标准的变化而变化，如欧盟，随着其法规的不断更新，对进口食品以及其接触材料的要求也越来越高。2010 年欧盟 RASFF 系统食品通报 2 879 例，食品接触材料通报 231 例；其中对我国出口食品通报 305 例，占欧盟 2010 年食品通报总量的 10.6%；食品接触材料通报 160 例，占欧盟 2010 年食品接触材料通报总量的 69.3%，均高于其他国家和地区，且与 2009 年同期比较，通报数量均出现不同程度的增长，其中食品同比增长 29.7%，食品接触材料同比增长 20.3%。[②] 而在国内，改革开放尤其近年来，我国出现了大量食品安全事件，如甲醇兑毒酒致死人命案；毒蘑菇酿成灭门惨祸；"地沟油"屡禁不绝；敌敌畏泡出毒咸鱼；瘦肉精事件；近几年来还先后出现了"毒豇豆""皮革奶""镉大米""硫黄生姜""染色馒

---

① 孙本芝："食品安全壁垒对我国食品出口的影响、原因及对策分析"，载《特区经济》2009 年第 6 期。

② "2010 年我国出口欧盟食品、食品接触材料预警通报年度分析报告"，载 http://bbs. foodmate. net/thread-441259-1-1. html。

头""可燃面条""化学火锅"等食品安全事件，让人瞠目结舌。与此同时，国外的不安全食品由于我国的食品安全标准水平偏低，不能对其构成壁垒，因此，亦是大量涌入，如 2010 年发现美国麦当劳在我国销售的麦乐鸡竟然含有橡胶化学成分"聚二甲基硅氧烷"，而当时中国尚未有麦当劳麦乐鸡中含有食品添加剂"聚二甲基硅氧烷"的法定检测方法标准，① 许多食品问题因此无法解决。

由于食品产业包括众多领域，如农业（包括林业和渔业）、工业、商业（包括进出口和外贸行业）等，食品治理的法治化也便不能单纯依赖法律法规的制定，还必须考虑法律、法规之间的相容以及各相关不同领域之间的协调。在我国，从国家法律来说，从较早出台的《质量法》《农产品质量安全法》《动物防疫法》《食品卫生法》等相关法律，至 2009 年又正式出台《食品安全法》，表明了我国食品安全法治建设的不断推进。而在各地方政府，亦颁布了一系列相关法律，对食品安全立法进行有益探索，如广州市政府 2004 年颁布的《广州市食品安全监督管理办法》，广东省政府 2006 年颁布《广东省食品安全条例》，北京市政府 2002 年颁布的《北京市食品安全监督管理规定》和 2007 年颁布的《食品安全条例》，苏州市政府 2004 年颁布的《苏州市食用农产品安全监督管理办法》和 2005 年颁布的《苏州市食用农产品安全监督管理条例》等，在立法上都作了有益尝试，亦为我国《食品安全法》的出台奠定了基础。而从行政法规方面，2005 年国务院就颁布了《重大食品安全突发事件应急处理办法》，2007 年又颁布了《国务院关于加强食品等产品安全监督管理的特别规定》。各政府相关部门亦颁布了一系列政府部门规章，如 2005 年卫生部出台了《餐饮业和集体用餐配送单位卫生规范》，2010 年又同时颁布《餐饮服务许可管理办法》和《餐饮服务食品安全监督管理办法》，对我国餐饮业进行规范。2011 年，又颁

---

① "中国尚无麦乐鸡添加剂'聚二甲基硅氧烷'标准"，载中新网，http://www.chinanews.com/jk/2010/07-16/2407582.shtml，访问时间：2010 年 7 月 16 日。

布了《食品安全国家标准管理办法》和《食品安全地方标准管理办法》。除此之外,我国食品安全构成的法规还有 2005 年商务部、农业部、国家税务总局和国家标准委颁发的《关于开展农产品批发市场标准化工作的通知》,商务部颁发的《绿色市场认证管理办法》,2011 年国家质量监督检验检疫总局颁布的《进出口食品安全管理办法》等。各地方政府亦出台了相应法规,如 2004 年的《宁夏回族自治区家禽屠宰管理办法》,2005 年的《上海市集体用餐配送监督管理办法》,2012 年 6 月《福建省食品生产加工小作坊监督管理办法》及 2012 年 9 月的《吉林省食品生产加工小作坊和食品摊贩管理条例》等,另如一些法院和检察院等部门颁发的法规,基本形成了我国以《食品安全法》《产品质量法》《标准化法》等法律为主导,包括《食品卫生监督程序》《食品卫生行政处罚办法》等有关食品安全的专门规章,加之《消费者权益保护法》《刑法》等法律、法规中有关食品安全的规定,最高人民法院和最高人民检察院对于食品安全的司法解释内容,国务院各部委出台的有关规章,形成了我国相应完整的法律体系。

食品安全体系为我国实行食品安全治理的法治化作出了重要贡献,然而实际上它却依然不够健全,主要表现在:

(1)我国现有的关于食品安全的法律法规虽然数量较多,但大多数都是不同部门在不同时期制定和颁布的部门立法、分段立法、分散立法,单个法律法规调整范围较为狭窄。部门间在制定法律之初又缺乏沟通协调,因而不少法律上位法与下位法、平行法之间互相交叉、重复、缺乏衔接甚至冲突严重,一些条款相互矛盾。许多法律出台时间较早,亦有相对过时现象,而《食品安全法》实施时间较短,其统领作用又未充分显现出来,因而目前我国食品安全法规体系总体上缺乏协调性。

(2)食品安全应囊括从农田到餐桌的全过程,而我国的食品安全法规体系则着重于调整食品的生产经营阶段,没有覆盖食品安全所涉及的诸多环节,因而出现了法律监管的盲区,如饲料里添加瘦

肉精、蔬菜里残留有大量农药等。食品安全标准也是食品安全法律
体系的重要基石，目前我国的食品安全标准超过 5 000 个，《食品添
加剂使用标准》等食品质量标准近 3 000 个，与流通有关的标准有
100 余个，相比于生产和加工标准数量差距总共将近 3 000 项，虽然
整体数量不少，但标准之间则冲突严重。① 不少地方仍在使用以
《食品质量法》为依据的"食品质量标准"，和以《食品卫生法》为
依据的"国家食品卫生标准"，同一食品，却执行两种不同的安全标
准。许多标准分散于农业、质监、卫生等六七个部门，无公害食品、
绿色食品、有机食品、QS 食品、中国地理标志产品等多种质量标
准，政出多门，分散交叉，各标准间无法沟通，形成了一种产品多
个标准、多个要求、多方管理的局面，一些食品还有出口和内销两
套不同标准，使得食品安全标准十分混乱。

（3）我国食品标准与国际标准存在较大差距，安全标准总体偏
低，污染物限量、农药残留物限量、食品添加剂限量等许多指标均
低于国际标准，如我国食品标准仅对 104 种农药在粮食、蔬菜、水
果、肉等 45 种食品中规定了 291 个允许的残留标准，而国际食品法
典 CAC 则对 176 种农药在 375 种食品中规定了 2 439 条农药残留标
准。② 国际通行的食品安全标准设计 237 种食品的国际标准，按产品
定标准，标准与产品一一对应；我国食品安全标准则是按类别划分，
一类食品（如蔬菜类）一个标准，③ 也造成了我国食品的安全性问
题。在食品安全国际标准的采纳和更新方面，20 世纪 80 年代初，英
法德等发达国家采用国际标准已达 80%，日本国家标准 90% 以上采
用国际标准，一些发达国家甚至采用更高标准，利用其科技优势不

---

① 洪涛："加快完善我国食品安全法律体系（二）"载《黑龙江粮食》2013 年第
12 期。

② 刘津平："重构我国食品安全法律体系的思考"，载《天津职业院校联合学报》
2010 年第 4 期。

③ 朱京安、王鸣华："中国食品安全法律体系研究——以欧盟食品安全法为鉴"载
《法学杂志》2011 年第 S1 期。

断提高国内 SPS (《实施卫生与植物卫生措施协定（SPS 协定）》)
措施的水平，美国每年有 300 多项新标准通过，[①] 但是，自 1986 年
正式加入 CAC 以来，中国的国家标准只有 40% 左右等同采用或等效
采用了国际标准。这使得中国的食品卫生标准，无论是框架体系还
是标准的主要内容和指标，都与国际标准存在较大差距。[②] 而在时效
性上，国外食品安全标准的修改周期一般是 3~5 年，我国许多与食
品安全相关的标准制定修改时间则都滞后，如我国农产食品国家标
准中标龄达 10 年以上的有 692 项，占 37.7%；5~10 年的有 672 项，
占 33.4%。行业标准中标龄 10 年以上的有 749 项，占 35.8%；5~10
年的有 758 项，占 36.2%。[③]

第五节　政　策　建　议

　　针对我国食品安全存在的诸多问题，尽快改变当前局面、实现
食品安全治理的法治化是一条重要出路，食品安全迫切需要人们构
建并完善中国食品安全法律体系。在充分考虑我国的法律文化传统
和法律背景的基础上，借鉴发达国家食品安全法的立法模式，构建
和实现我国食品安全治理的法治化。

---

　　① 参见陈志刚、宋海英、董银果、王鑫鑫：《中国农产品贸易与 SPS 措施》，浙江大
学出版社 2011 年版，第 125 页。

　　② 石阶平主编：《食品安全风险评估》，中国农业大学出版社 2010 年版，第 190 页。

　　③ 李正明："我国食品安全标准存在的若干问题与对策"，载《食品与机械》2006
年第 12 期。

一、应尽快建立《食品安全法》的基本法地位

制定《食品安全法》的首要目的就是要保证食品安全，保障公众身体健康和生命安全。因此，用法律保障它的实施，确立《食品安全法》的基本法地位，对食品安全实行"从农田到餐桌"的全程监管，是我们实现食品安全治理法治化的关键性措施之一。食品产业涉及农业、工业、商业等多个领域，相应《食品安全法》的调整范围也应该涵盖这些领域的各个部门，综合规范和调节食品从生产到流通、经营和消费的所有环节和领域，从而起到基本法的根本作用。同时，食品安全问题涉及刑法、民法、行政法、商法等在内的多个部门法领域，许多条文内容同这些部门法之间关系密切，因此，将这些不同部门法规的相关内容纳入同一部法律，从立法上增加《食品安全法》同其他法律相关规定的衔接，从执法上注重在整个食品生产、流通、经营过程中的相互协调与相互配合，通过各部门之间互相监督，形成全方位的监管制约机制，并从司法上加强保证，对于食品犯罪的惩治处罚决不姑息，使之不敢知法犯法，才能使食品安全法的制定真正行之有效，在社会生活中发挥其应有的作用。如果各项法律条文内容缺乏衔接，如《食品安全法》中仅在第 98 条规定"违反本法规定，构成犯罪的，依法追究刑事责任"，但这条规定同现有刑法和相关司法解释都没有衔接内容，一旦违反了《食品安全法》甚至有了食品犯罪行为，相关法律对此缺乏有力的禁止力度，便无法保证《食品安全法》在现实中的充分实施。因此，国家应当尽快确立《食品安全法》的基本法地位，将基本法的内容贯穿到所有食品安全监管法当中去，实现对各类环节性、要素性的食品安全立法（如《产品质量法》等）的统领和指导，只有这样，才能弥补食品安全问题上尽管监管部门法律众多，但却缺乏总体整合力度实施的困境，从而将法律与司法实践结合起来，与时俱进地修正和丰富其内容，有

效解决《食品安全法》与其他各类如《刑法》等的衔接问题，有效惩罚食品犯罪，解决多头管理弊端。

二、建立完整的食品安全法治体系

将《食品安全法》作为基本法，并在此基础上制定分门别类的具体法律法规，形成食品安全基本法、食品安全专项单行法以及相应的配套实施细则。由于我国食品安全法律法规体系缺乏整体指导和精心计划，因此，在一定程度上会有相互交叉、重叠，甚至相互冲突，一些地方还留有法律的空白。要完善我国食品安全法律体系，就要注重《食品安全法》的重要地位，使之与其他相关法律、法规、规则、标准相配套，整合原有食品安全单行法，按照从"农田到餐桌"的全过程控制要求，精心论证和制定立法规划；修订、清理、统一各项规则，使原有食品安全单行法形成合力，相互协调，相互衔接，从而避免内在冲突与矛盾。同时为适应不同门类食品安全领域的现实需要，在不与基本法和单行法相抵触的前提下，结合地方经济社会发展状况及食品产业水平和科学技术水平，制定配套的部门规章、地方政府规章及较为具体和相对灵活的规定或实施细则，确保食品安全法律制度得到切实执行。而在立法模式上，亦应对《食品安全法》采用单独立法，严格排除与食品没有直接关系的其他产品，如药品、化妆品、保健产品等，明确区别食品与这些产品间不同层次的界线，而只规定食品及与食品密切相关联的事物。例如食品包装、饲料等，从而使之更有针对性。

三、完善立法内容

法律是为了促进公众福祉和公共幸福，目前我国的《食品安全法》已经充分体现了这样的理念。食品安全关系着千家万户，如何让这种理念落到实处，需要我们进一步完善立法，统一食品安全标准体系，使我国食品安全标准体系逐渐同世界接轨，走向国际化。

如前所述，目前我国食品安全标准严重滞后，尤其国内食品标准偏低，与国际标准及其惯例差距十分巨大。相较于食品出口贸易，国内食品安全问题更是复杂严峻。自我国加入 WTO 以来，在涉及进出口贸易时都要考虑并严格遵守所在出口国的食品安全标准，"2010年中国出口美国的食品为 12.7 万批，合格率 99.53%，出口欧盟的食品 13.8 万批，合格率 99.78%……2009 年和 2010 年，经出入境检验检疫机构检验检疫的中国出口货物分别为 1 103.2 万批和 1 305.4 万批，不合格率分别为 0.15% 和 0.14%。日本厚生省进口食品监控统计报告显示，2010 年日本对自中国进口的食品以 20% 的高比例进行抽检，抽检合格率为 99.74%，高于同期对自美国和欧盟进口食品的抽检合格率。"① 由于出口时必须遵守国际标准，中国食品在出口领域抽检合格率竟能高于美国和欧盟，说明中国出口食品监管体系明显较国内严格，也同时说明如果同国际接轨，制定严格的标准体系并遵照执行，食品安全问题就会得到更好的解决。

1961 年，食品法典委员会（CAC）在瑞典成立，1986 年，我国已正式成为 CAC 成员国，食品法典委员会制定的 CAC 标准是目前被世界各国普遍认可的食品安全标准，因而在制定食品安全标准体系中，我国亦应参照和遵循 CAC 标准，尽快提高国内食品与 CAC 标准接轨的比率，大力推进并使用 CAC、国际标准化组织（ISO）等使用的食品安全标准。从成立至今，CAC 已经制定了 8 000 多个国际食品标准，建立了 237 种食品的检测标准，近 200 种农药评价、3 274个农药残留限量、1 005 个食品添加剂及 25 个食品污染物的安全评估。② 其食品安全标准已被世界发达国家所普遍采用，因而我国在食

---

① 文静："《中国的对外贸易》白皮书显示中国出口欧美食品合格率近 100%"，载《京华时报》2011 年 12 月 8 日第 004 版。

② 陆如山："食品法典委员会通过新的标准"，载《国外医学情报》2006 年第10 期。

品安全法律监管体系中，亦应符合食品安全监管的未来发展趋势，借鉴发达国家如欧盟专门设立欧盟食品安全局统领欧盟所有与食品安全有关的工作的经验，对食品安全生产的全部过程进行统一协调，同时承担监督评价、统一技术标准、提供独立的科学意见或建议、参与涉及食品安全的重大决策、决定紧急措施、与公众进行食品安全信息交流等方面的重要职责。对于危害食品安全的行为，运用刑法坚决惩罚，加大其违法成本，甚至取消其经营资格，使其没有再犯的能力。同时在明确各相关部门法律责任的前提下建立激励与问责机制，使监督和责任追究相结合，使有关机构能够切实运作起来，以保证相关法律的顺利实施。

第二章　食品安全政府监管建设状况

2004 年《国务院关于进一步加强食品安全工作的决定》，对我国食品安全监管体制作出重大调整，实行"分段管理"体制，将"从农田到餐桌"的食物链分为四段，由农业、质检、工商以及卫生四个部门负责食品安全监管。而按照我国 2009 年 6 月 1 日施行的《食品安全法》第 4 条的要求，国务院设立食品安全委员会，其工作职责由国务院规定。具体由国务院卫生行政部门承担食品安全综合协调职责，国务院质量监督、工商行政管理和国家食品药品监督管理部门分别对食品生产、食品流通、餐饮服务活动实施监督管理。

可见，我国食品安全管理过去最突出的特点就是参与管理的部门多。[1] 监管体制涉及的相关部门主要有国务院食品安全委员会、国务院卫生行政部门、国务院质量监督、工商行政管理和国家食品药品监督管理部门，呈现"五龙治水"的局面。

如此局面及至 2013 年 3 月 14 日，第十二届全国人民代表大会第一次会议通过了《国务院机构改革和职能转变方案》，改革我国食品安全监管体制，对工商、质检等部门中有关食品药品安全监管的职能进行整合，组建国家食品药品监督管理总局。这是我国积极探索符合国情和时代特征的食品药品监督管理体制的又一重大举措。为形成上下联动、协同推进的良好改革局面，紧接着，2013 年 4 月，国务院发布了《国务院关于地方改革完善食品药品监督管理体制的

---

[1]　韩忠伟、李玉基："从分段监管转向行政权衡平监管——我国食品安全监管模式的构建"，载《求索》2010 年第 6 期。

指导意见》（以下简称《意见》），吹响了地方改革食品药品监督管理体制的号角。

如今，新一轮食品药品改革已施行一年有多，自《意见》公布以来，全国各省市陆续采取了改革行动，既有完全参照国务院模式组建食药总局的，也有在不同层级组合工商、质监等部门组建市场监管部门的，如"纺锤形"深圳模式、"倒金字塔形"浙江模式、"圆柱形"天津模式。虽然地方改革路径尚未统一，方案众多，各有特点，但总体上对于破除多重管理体制下监管碎片化的弊病，不失为一次大有裨益的改革尝试——在部门职能上，对食品生产、流通以及餐饮服务等环节实行统一的"打包"监管，避免了各机构之间职责推诿的尴尬局面；在检验检测能力方面，在区域内总体规划检验检测中心的设立，并统一调配食药检验检测相关人员和设备；在纵向体制上，改垂直管理为属地管理（除海南省为特例），赋予地方政府较大创新性和自主性，全权负责当地食品安全监管体系建设工作，有利于区域内改革工作的全覆盖以及协调进行，使得地方政府真正能将监管权责落实到基层。

改革行至深水区，也同样暴露出一些弊病，如地方改革模式五花八门，无一标准，对于今后食品安全监管工作的统一部署埋下"雷区"。又如，本轮改革的初衷是按管药品的方法来管食品。然而组建市场局的结果，是用管普通产品质量的方法来管食品。前者着眼于公共安全，后者定位于维护市场秩序。① 那么，此次改革的定位到底为何？

本节将回顾 2013 年我国食品安全监管体制的改革与调整，简要介绍目前的改革现状与各地经验，对我国食品安全监管机制、食品安全监管能力建设、食品安全监管效果评估进行研究，力图为建立与完善我国食品安全监管新体系提出有益建议。

---

① 袁端端、孙然："市场局横空出世，食药改革何去何从"，载《南方周末》，http：//www.infzm.com/content/103607.2014-08-29/2014-11-27。

第一节　食品安全监管体制的改革与调整

我国过去的以"分段监管"为特色的多重管理体制容易造成行政权的碎片化,凡是有职能交叉与重叠的地方,必有责任的推诿扯皮。结果是在食品监管过程中耗费大量的部门协调成本,却仍然不能明了、有效地解决食品安全事故,如"毒豆芽"事件中,豆芽归谁管,遭遇了尴尬的争论不休。因为无法界定豆芽制发的属性,找不到归属部门,使得整个行业处于一种"三不管"的地带。部门本位主义使得监管职能落为空谈,而监管真空为食品安全隐患埋下伏笔。食品安全事故频频发生,我们的社会正以公众的食品安全为代价呼唤着新一轮食药改革。

一、2013 年国务院食品安全监管体制改革

(一) 改革前奏

在一些学者看来,本轮改革之前,曾三次释放强烈的改革信号。

一是 2011 年 10 月 10 日国务院办公厅下发第 48 号文件,核心是取消工商、质检省级以下垂直管理,改为地方政府分级管理体制。文件开宗明义地提出,此举是"为了加强食品安全监管"。下发当年,全国仅陕西省遵照执行。虽然该文在实际中并未产生更广泛的实质性改革举动,但就如今改革举措与形势来说,将其目的理解为"为下一步整合食药监管作好铺垫",不乏为正确的政策解读。

二是 2012 年 11 月 8 日发布的中共"十八大"报告中,在谈及"改善民生和创新社会管理中加强社会建设"时,明确地提出要

"改革和完善食品药品安全监管体制"。

三是 2013 年 1 月 23 日，国务院副总理李克强主持召开国务院食品安全委员会第五次全体会议时，指出强化市场监管，食品应放在重中之重的位置。明确提出食品安全应作为考量政府职能转变的一把重要"标尺"，要整合部门监管职能，进一步统筹监管力量，该整合的要整合，不搞"屁股指挥脑袋"的本位主义。

（二） 新一轮食药监管体制改革

2013 年 3 月 14 日，第十二届全国人民代表大会第一次会议通过的《国务院机构改革和职能转变方案》提出，对国务院食品安全委员会办公室、国家食品药品监督管理局、国家质量监督检验检疫总局、国家工商行政管理总局的有关食品药品安全监管的职能进行整合，组建国家食品药品监督管理总局，主要职责是"对生产、流通、消费环节的食品安全和药品的安全性、有效性实施统一监督管理"。我国新一轮食品药品监管体制改革自此启动。

这是我国积极探索符合国情和时代特征的食品药品监督管理体制的又一重大举措。自此，中国延续了十年的以"综合协调、分段监管"为特色的食品安全监管体制基本宣告终结，此前分散的食品安全监管职能正被初步整合，多龙治水的治理格局有望改善。

（三） 国家食品药品监督管理总局

根据《国务院机构改革和职能转变方案》，国务院对国家食品药品监督管理总局（以下简称食药总局）的职责设定为"对生产、流通、消费环节的食品安全和药品的安全性、有效性实施统一监督管理"。并又在半个月后发文，公布了食药总局的"三定"方案——新一届国务院成立以来的头一份机构改革方案。

新组建的食药总局为国务院直属机构，正部级，行政编制 345 名，比原承担食品药品监管的几个部门相关人员的"物理相加"人数有所减少。司局级机构亦有所减少，最终拟设司局 17 个，除了办公厅、政策法规、宣教、国际交流等常态司局外，药品领域监管暂时沿用药监局设置。

食品监管模式稳中求进，原先曾有一步到位、改分段监管为品种监管的设想，但最终基于承接旧有行政资源考虑，暂时选择了折中方案，分设三个司局掌管食品安全，其中原归属质监管辖的生产环节独立成司。原工商管辖的流通环节、药监管辖的餐饮以及农产品的流通环节，整合成独立司局。此外，食品领域的监测、评估等综合职能独立成司。各司之间将建立信息共享，会商衔接等机制。

从食药总局"三定"方案上来看，似乎仍能发现一些改革不力的残余，如规定食药监管部门负责食品、保健品、化妆品安全监管的牵头协调和综合监督方面的工作，而食品、保健品、化妆品的准入许可、日常监管等职责仍由卫生行政部门承担。将监管职能从宏观层面与微观层面分开设定与配置，是否会形成食品、保健品、化妆品的安全监管又多出一位"婆婆"的问题？[①] 相信接下来的改革实践会给出答案。

二、地方改革进展

2013 年 4 月 18 日，国务院发布的上述《意见》，吹响了地方改革食品药品监督管理体制的号角。该《意见》建议地方政府参照国务院模式，务必组建新的食品药品监管机构，即"食药监管不分家"。在整合职能的同时，整合所辖编制和资源。具体整合方案由地方视具体情况处理，如具体怎么整合，整合哪些机构，是否增设乡镇食品监管所等。

根据《意见》要求，省、市、县三级食品药品监督管理机构改革工作，原则上分别于 2013 年上半年、9 月底和年底前完成。改革

① 陈永军："深化食药监管体制改革刻不容缓"，载《医药世界》2004 年第 12 期。

以疾风骤雨之势开局。如此紧凑的时间表的背后，其实是中央及地方监管者饱受分段监管弊病之苦的迫切诉求。

但各地区公布相关改革实施意见和"三定"方案的进度参差不齐，改革进度与预想有所差距。离《意见》预定改革完成时间已逾一年多，一些市县级的改革却仍然迟迟未动。

（一）省级食品药品安全监管体制改革进度

截至 2014 年 6 月，全国 31 个省（自治区、直辖市）中，公布省级"三定"方案的有 29 个，有 14 个省级单位公布了省级改革实施方案，有 21 个省级单位公布了省以下级别的改革实施方案。根据现有资料，省级机构改革中，仅有河北、山西和甘肃 3 省按预定时间完成了改革，剩下省份拖延 1~11 个月不等。天津市和宁夏回族自治区迄今为止没有发布任何改革相关的文件。

（二）地级食品药品监督管理体制改革进度

截止到 2014 年 6 月，全国 333 个地级行政区划中公开公布本级"三定"方案的有 49 个，占总数的 14.7%。公开公布本级改革实施意见的有 90 个，占总数的 24.6%。总体来看，公开公布本级改革内容的地级行政区划共有 112 个，占总数的 31.2%。地级行政单位中，仅有福建、广西、辽宁、甘肃和河北 5 省按预定时间完成了改革，其中福建省部分地区提前一个月公布改革内容。而剩下省份的地级单位拖延 1~6 个月不等，且本部分数据是建立在已公开的数据上，未公开与未完成的情况没有统计，拖延的时间有可能更加长久。

（三）县级食品药品监督管理体制改革进度

截止到 2014 年 6 月，全国 2 835 个地级行政区划中公开公布本级"三定"方案的有 59 个；公开公布本级改革实施意见的有 38 个。
总体来看，公开公布本级改革内容的地级行政区划共有 97 个，占总
数的 3.7%，这其中县级市公布本地区改革内容的比例略高，约占总
县级市数量的 4.6%，高于市辖区 3.4% 的和其他区域的 3.2%。县级
行政单位中，仅有四川、广西和甘肃三省按预定时间完成了改革，
其中甘肃省部分地区提前一个月公布改革内容。而剩下省份的地级
单位拖延 1~5 个月不等。同上，本部分数据是建立在已公开的数
据上，未公开与未完成的情况没有统计，拖延的时间有可能更加
长久。

三、食药总局和卫计委、农业部的合作

按照以往"分段监管"的体制，主要负责食品安全的包括七
个部门：国务院食安办、卫生部、工商总局、质检总局、药监局、
农业部、商务部。经此轮改革后，专司食品安全只剩下三个部门：
食药总局、农业部和国家卫生和计划生育委员会（以下简称国家
卫计委）。国家卫计委承担的更多是技术支持职能，主要负责食品
安全风险评估和食品安全标准制定。而农业部则负责农产品质量
安全监督管理，承接由商务部划入的生猪定点屠宰监督管理职
责。根据《国家食品药品监督管理总局主要职责内设机构和人员
编制规定》[1]，食药总局与农业部、国家卫计委的职责分工具体
如下：

与农业部的有关职责分工。农业部门负责食用农产品从种植养
殖环节到进入批发、零售市场或生产加工企业前的质量安全监督管
理，负责兽药、饲料、饲料添加剂和职责范围内的农药、肥料等其

---

① 国务院办公厅："国家食品药品监督管理总局主要职责内设机构和人员编制规
定"，载 http://www.gov.cn/zwgk/2013-05/15/content_2403661.htm，访问时间：2014 年
12 月 10 日。

他农业投入品质量及使用的监督管理。食用农产品进入批发、零售市场或生产加工企业后，按食品由食品药品监督管理部门监督管理。农业部门负责畜禽屠宰环节和生鲜乳收购环节质量安全监督管理。两部门建立食品安全追溯机制，加强协调配合和工作衔接，形成监管合力。

与国家卫计委的有关职责分工。其一，国家卫计委负责食品安全风险评估和食品安全标准制定。其二，国家食品药品监督管理总局会同国家卫计委组织国家药典委员会，制定国家药典。其三，国家食品药品监督管理总局会同国家卫计委建立重大药品不良反应事件相互通报机制和联合处置机制。

四、食药监单列与市场局模式

自 2013 年 3 月 14 日国务院颁布《国务院机构改革和职能转变方案》，仅隔 35 天，在 4 月 18 日又发布《意见》——这也是新一届国务院成立后第一个通过的文件。可见，国家层面对新一轮食药监管体制改革的重视程度可谓空前。

可国家层面对此轮改革的重视程度却没能通过《意见》有效传达到地方一级。在该意见中，建议地方政府参照国务院模式，组建新的食品药品监管机构，并且在不能增加编制的限制下，要求整合职能、编制和资源。行至深水区，"改革碰到的最大障碍就是利益问题"。囿于地方政府"屁股指挥脑袋"的部门本位主义影响，新一轮改革以疾风骤雨之势而来，却进展迟缓、改革模式五花八门。

"一些地方机构改革进展缓慢、力量配备不足，个别地方监管工作出现断档脱节，食品药品安全风险加大、问题时有发生。"2014年 10 月 9 日，国务院办公厅发布《关于进一步加强食品药品监管体系建设有关事项的通知》①，开宗明义地表明中央政府对于地方食品药品监管体制改革的担忧。

（一）食药监单列：甘肃经验

西部欠发达的甘肃省打响了改革的第一枪，甚至在国务院红头文件还没下发至地方的 4 月 20 日成立了改革小组。它不仅是国内第一个完成省、市、县三级改革的省份、第一个完成省食药局组建挂牌，同时也是统一食药监管模式的坚守者之一。它的下一个目标是第一个完成系统改革。

甘肃省的改革基于对十八届三中全会会议精神的理解——重点应是"完善统一权威的食品药品安全监管机构"而非"统一市场的监管"。并且严格遵循了《意见》的建议要求，是一个完全按照国务院指导意见完成改革的"老实孩子"。具体的改革与调整如下：

机构与职能方面。在每个乡镇街道都设置食药监管所，由乡镇政府和县级食药部门实行双重管理，前者负责办公场所和经费保障，后者侧重执法专业性的指导。

人员编制方面。在编制总量不变的前提下，划转和调剂相结合。基层食药所所需编制从基层工商所、乡镇卫生院、乡镇计生服务中心等多家机构中划转或调剂，充分挖掘基层存量。改革后食药系统编制达到 10 450 名，较改革前的 2 500 名翻了两番，新增编制 8 000 多人，其中近 2 000 人是从工商、质监划转，其余 6 000 多人是从卫生计生等系统调剂来的。原先要求按乡镇规模，每个基层所不少于 3~5 人，实际改革下来，远远突破了这个底数，有的乡镇多达十几人。

甘肃省食品药品监督管理局副局长姚念文对于此次改革信心满

---

① 国务院办公厅："关于进一步加强食品药品监管体系建设有关事项的通知"，载 http://www.gov.cn/zhengce/content/2014-10/09/content_9128.htm，访问时间：2014 年 12 月 10 日。

满、寄语未来，"基于历史经验和这一年来的变化，我相信，机构改革三五年后，食品安全乱象将有很大改观。"①

然而，甘肃省作为此轮改革全国棋盘中的一枚"急先锋"，在一年多时间内大张阔斧的改革举动也沉淀了诸多弊病，一些问题和困难已经触手可及。例如，在人员及配置方面，甘肃省在基层设立"食品监督协管员"，本意为将监管的触角延伸至基层之举，却面临拿不出协管员薪金的窘境，甚至连每月 50 元的通信补贴都无法解决；另外，虽然监管人员落实到了基层，但办公场所、执法设备以及执法车辆都无法配套到位。再如，就检验检测能力而言，此次改革，甘肃省在 86 个区县建立食品药品检验检测中心，但检测设备和场地都尚未有着落；改革前原由药品检验所兼顾食品检测，如今改革大调转后，如何协调重整机构职能、平衡食品与药品检测工作将是一大问题。

总之，一切都是钱和资源的问题。② 甘肃作为改革"急先锋"的一系列勇敢尝试，实质上是以改革决心呼唤中央关注，期待的是国家层面实质性的支持。食药改革本就是一盘错综复杂的乱局，面对甘肃省所处窘境，明显地说明如果不能在资金和资源上跟进改革举动，那么改革力度再大，监管仍可能是个空架子。

（二）市场局模式

"五花八门"，这是当前省以下食药监管体制改革的真实写照。从 2013 年年末开始，一些地方在不同层面整合工商、质监和食药监的机构和职能，出乎意料的是，却并没有参照国务院的机构改革模式成立食药局，而是采用市场局模式。

---

① 蒋昕捷："'机构改革三五年后，食品安全乱象将有很大改观'访甘肃省食品药品监督管理局副局长姚念文"，载《南方周末》，http：//www. infzm. com/content/103606？from=message&isappinstalled=0，访问时间：2014 年 11 月 27 日。

② 蒋昕捷："甘肃：改革舞剑，意在何方？"，载《南方周末》，http：//www. infzm. com/content/94924，访问时间：2014 年 12 月 10 日。

所谓市场局，指的是将工商、质监等市场监管部门合并成一个部门，此举重点是统一市场监管。问题是，要不要把专业性更强的食品药品监管也纳入其中。① 对于市场局横空出世的原因分析如以下三点：

（1）控制机构数量。根据此轮食药改革模式是以"地方政府负总责，取消省级以下垂直管理"原则为指导进行的，那么如此一来，若按照国务院推荐方案，在省级以下的地方政府组成部门中将凭空多出两个。而对于地方政府机构数量又有严格的控制，新多出来的两个部门将打乱现存部门之间的协调。所以，区县一级推行两局合一、三局合一甚至四局合一（合并物价局）既符合控制机构数量要求，又使得部门利益的失调最小化，是地方政府博弈改革政策之举。此举有"为改革而改革"之嫌，似乎忘记了此轮改革的初衷。

（2）过渡解读顶层设计。2013 年，《关于国务院机构改革和职能转变方案的说明》中指出，"各地区要充分发挥市场机制的作用，着力加强市场监管、社会管理和公共服务。"十八届三中全会公布的《中共中央关于全面深化改革若干重大问题的决定》中也提到"改革市场监管体系，实行统一的市场监管"。一些地方政府过度解读政策文件，将地方改革的出发点落在"完善统一的市场监管"，在此基础上认为，实行市场局模式是预见我国食药监管体制未来改革趋势的富有先见之明的改革举动，却忽视了十八届三中全会同样提出了要"完善统一权威的食品药品安全监管机构"。

（3）根本原因在于，中央政府层面缺乏对食药改革包括"三合一"改革模式的总体规范标准与指导意见。在地方政府负总责的基本原则下，授予地方政府一定的创新空间和自由度，本身并没有问题，但仍需要中央政府通过规范标准的形式加以指导。

---

① 袁端端、孙然："市场局横空出世，食药改革何去何从"，载《南方周末》，http://www.infzm.com/content/103607，访问时间：2014 年 11 月 27 日。

1. 天津经验

同时整合食药监局、工商局、质监局三个局级执法机构，受天津市市场和质量监督管理委垂直领导——这是中国第一个省级市场监管机构。而在基层权力下放，乡镇街道设置市场监管所作为区市场监管局地派出机构。

2. 深圳经验

早在 2009 年，深圳市就组建了市场监管局，并将"从农田到餐桌"的全链条食品安全监管职能纳入其中，但效果不佳。而这一轮改革中，深圳市在市场和质量监督管理委员会之下，将食品安全监管职能从市场监管局划转出来，组建独立的食品药品监管局。但自主权由市场和质量监督管理委员会掌握，而具体工作则由两个分局承担，形成了"上面一个委，委里六个处，掌管人财物"的局面。

3. 安徽经验

按照 2013 年年底安徽省发布的地方机构改革指导意见，"整合县设在卫生部门的食安办和工商、质监、食品药品监管机构、职责，组建市场监督管理局，为同级政府工作部门"。（《关于调整省级以下工商、质监行政管理体制和改革完善市县食品药品监督管理体制的实施意见》）在机构设置上，市场局设置了检验所、稽查大队、乡镇所等二级机构。

此次改革所作出的变动是秉着"精简机构，下放管理权限，下移执法重心，充实加强基层监管力量"的原则，望能将食品安全监管的触角一直延伸到乡镇。但似乎改革成效与预期有所出入。

三局合一后，受内设机构数量的限制以及专业技术人员的流失等原因，原来由一个局承担的食品监管工作被弱化为一个股室承担，而编制却只有两人左右。① 这样的一个股室在应对上级食品药品监管部门的各个科室时，会出现类似"上面千根针，下面一条线"这种应接不暇的局面，有效监管从何谈起？

4. 浙江经验

根据《浙江省人民政府关于改革完善实现食品药品监管体制的意见》，对于指导地方进行机构改革的思路有三：明确要求县级组建市场监督管理局；建议设区的市参照省政府整合食品药品监管职能和机构的做法，但也不限制选择市场局模式；市辖区由各市根据市本级调整情况研究确定。

可见浙江省的改革指导意见只是明确县级成立市场局，而在地市一级给予了两种选择。据悉，浙江所有地市最终都选择了后者，这意味着，除了在省级还保有工商局、食药监局之外，往下都是市场局（保留食药局、工商局的牌子）。这种局面被形象地概括为"两个爸爸，一个儿子"。②

如果市县两级都统一市场监管，到省里对应多个部门，那么，政出多门的问题仍不可避免。

五、地方政府负总责

此轮食品安全监管体制改革中一大举措是将工商、质监省级以下垂直管理改为地方政府分级管理体制，要求各级地方政府对本地区食品药品安全负总责。

此举并非空穴来风。2008 年食药监部门率先取消垂直管理，实行属地管理。2011 年国务院办公厅下发 48 号文，要求取消工商、质

---

① 陈胜利："市场局监管更有力?"，载《南方周末》，http：//www. infzm. com/content/105032，访问时间：2014 年 11 月 27 日。

② 蒋昕捷："从'战国'到'大一统'，食药改革末班车"，载《南方周末》，http：//www. infzm. com/content/97749，访问时间：2014 年 11 月 27 日。

监的垂直管理。2012 年发布的《国家食品安全监管体系"十二五"规划》即提出，要强化县级以上地方人民政府对食品安全工作的属地管理责任，加强对食品安全监管工作的领导、组织和协调，将食品安全监管工作纳入本地区经济社会发展规划和政府工作考核目标，制订并组织实施食品安全监管工作年度计划，并且在 2013 年年底，国务院总理李克强也曾在会议上明确表示，要将食品安全作为各级政府职能转变的一把重要标尺。

根据《食品安全法》有关规定，地方政府负总责的具体内容包括以下几个方面：一是建立健全食品安全全程监督管理的工作机制；二是统一领导、指挥食品安全突发事件应对工作；三是完善、落实食品安全监督管理责任制；四是确定本级涉及食品安全监管部门的监督管理职责。

由此可见，对于各部门之间监管职能不清、责任不明、出了事之后相互推诿的现状，食品安全监管体制的改革不仅是调整机构，更重要的是明确责任。曾经垂直管理体制是对抗"地方保护主义"的釜底抽薪之举，如今权力与责任回归地方之后，地方政府负总责机制不免将遭遇地方保护主义的矛盾。但也有学者对此持明朗态度，国家行政学院教授汪玉凯则指出，与十多年前的地方单一管理不同，现在实行的是"条块结合"的双重管理模式。比如，县工商局和质监局领导由县政府选拔任命，但必须由上级的工商和质监部门来批准。① 地方负总责机制命运到底如何，地方保护主义是否会卷土重来，实际上，仍需进一步的改革实践与创新来破解疑惑。

然后，在全国实行"地方政府负总责，取消工商、质监省级以下垂直管理"的大局面下，海南省成为唯一一个经国务院批准，实行垂直管理的省份。

那么，这份从改革大流中彰显出的特殊性从何而来？据了解，

---

① 蒋昕捷："食品安全监管，十二年重回头"，载《南方周末》，http：//www. infzm. com/content/64910，访问时间：2014 年 11 月 27 日。

在机构改革方案上报时，海南省曾经设计的是按照国务院的方案建议，实行地方政府负总责的属地管理。然而鉴于海南省曾经实行属地管理的教训，实际上起不到加强管理的作用，比如进人，在属地管理模式下，连进人标准都不能全省统一。① 如此一来，若一味迎合中央政策号召而不考虑当地实际情况，就是"为改革而改革"，抛弃了改革的初衷。

根据海南省《关于省级以下食品药品监督管理体制改革的意见》，主要改革内容有以下四个要点：一是整合职能，实行食品药品监督管理局集中监管；二是垂直管理，发挥条块结合优势；三是重心下移，设立乡镇和城市街道食品药品监管所，加强基层监督管理体系；四是整合资源，加强监测能力。

可见，海南省改革坚持食药监管单列，并以垂直管理的办法来补充专业性上的短缺。改成垂直管理后，省局统筹安排缺编岗位人员招录工作，全省食品药品专业人员比例立即由原来的 14% 提升至22%。同时，彻底结束了部分市县长期没有稽查执法队伍的历史，一次性将稽查队伍全部设置到所有市县。② 具体地，即通过将设立乡镇和城市街道食品药品监管所以及在农村行政村和城镇社区配备食品药品安全协管员，真正将监管落脚于基层。

"垂直管理和食品安全地方负总责并不矛盾。" 2014 年 9 月 11日，海南省食品药品监督管理局局长在接受南方周末记者采访时细数了海南食药改革一年以来的变化："理性分析，食品安全最好全国都垂直管理。"③

---

① 袁端端："'食品安全最好全国都垂直管理'，访海南省食品药品监督管理局局长冯鸣"，载《南方周末》，http：//www. infzm. com/content/105207，访问时间：2014 年 11月 27 日。

② 袁端端、汪滔："寄望危机驱动改革，食品安全早晚出事"，载《南方周末》，http：//www. infzm. com/content/105376，访问时间：2014 年 11 月 27 日。

③ 袁端端："'食品安全最好全国都垂直管理'，访海南省食品药品监督管理局局长冯鸣"，载《南方周末》，http：//www. infzm. com/content/105207，访问时间：2014 年 11月 27 日。

第二节　食品安全监管机制的发展与创新

一、食品安全强制责任保险

近年来，我国食品安全事故多发，食品安全事件的处理困扰着政府和企业。如何利用责任保险建立一种能够防范食品安全风险并且在事故发生后给予消费者合理补偿的机制迫在眉睫。然而，一是由于与企业需要面临高额赔偿风险相对的却是消费者的索赔落实不到位，肇事企业逃避责任，把风险转嫁给消费者和政府，在这种情况下基于自愿基础上的食品责任保险发展的余地不大；二是从制度需求来说，食品安全责任强制保险能够较好地协调多方利益，社会各界都对食品安全责任强制保险有着制度需求。因此，中国食品安全责任保险的推行模式应采用食品安全责任强制保险的形式。从2014 年 11 月起，湖南、浙江、山东、福建、河北、湖北、内蒙古等省市区纷纷加速了食品安全责任强制险试点工作进程，以湖南长沙为例，近日正式启动食品安全责任强制保险试点，一旦遭遇食品安全事故受损消费者每人最高可获 25 万元赔偿。

所谓食品安全责任保险，就是由国家或政府通过法律法规、行政命令等在特定食品领域内强制建立起的投保人和保险人的责任保险关系。相关食品生产经营者必须购买食品安全责任保险，否则，就会受到制裁，而保险者对符合条件的投保人不得拒保。

（一）中国食品安全责任强制保险的制度设计

我国食品安全责任强制保险的制度设计应遵循补偿、激励、便捷高效、风险、保本微利五大原则，同时辅之以立法保障、政府支持和非营利组织参与三大支柱。

（1）立法保障。法制的健全与完善是责任保险产生与发展的前提和基础。在我国实施食品安全责任强制保险，必须对当前与食品安全责任有关的法律和法规进行补充和修正，为食品安全责任强制保险提供保障。

（2）政府支持。政府在食品安全责任强制保险的推行中将发挥重要的作用，如制定实施细则、提供信息支持和财政支持、协调各方关系等。

（3）非营利组织参与。非政府组织的参与有助于降低食品安全责任强制保险的推行成本，并提供各种便利。

（二）中国食品安全责任强制保险的运作流程

以保险公司的业务为着眼点，梳理食品安全责任强制保险的运行流程，以承保作为食品安全责任强制保险流程的起点，将一个完整的保险流程分为承保、监督、索赔三部分。具体地，承保环节主要是利用单独投保和团体投保的形式与试点食品经营企业建立合同关系；监督环节赋予保险公司一定的对安全风险的控制力，重要的是行政执法部门的配合；索赔环节设置了三种理赔途径，即协商途径、行业途径（借助于行业协会等专业机构的作用来达成赔偿的方式）、司法途径，并且三种途径并非决然对立，可以同时采取一种或多种，以满足不同索赔情境的需求。

（三）中国食品安全责任强制保险实施可能遇到的问题及实施策略

由于我国金融保险业和行业协会以及消费者力量有着特殊的现状，食品安全责任强制保险的推行会遇到一定的阻力，如食品安全中责任强制保险相关主体的积极性问题、关于保险公司对企业的监督能力问题、食品安全责任强制保险的理赔问题、行业协会的作用空间、政府对保险公司及其业务的监管。那么，在实际推广实施食品安全责任强制保险过程中，可在不同的方案中进行选择，它们分别是风险分类模式、组织分类模式以及完全强制模式。三种模式方案各有特点，各有利弊，因此要采用何种模式方案，需要结合我国的食品工作、保险产业以及食品安全的发展形势，还需要综合平衡政府、食品产业、保险产业和社会公众的多方面利益。

食品安全责任强制保险制度的建立与实施，已经是现阶段中国食品安全管理领域的重要政策选择，刻不容缓。然而，食品安全强制责任保险制度需要借鉴已有的强制责任保险制度的经验和教训，在制度和流程设计上一定与我国的食品行业与保险产业发展相结合。

二、食品安全标准建设

新颁布的《食品安全法》对我国食品安全标准体系进行了重大调整，其中最为主要的两点：一是规定食品安全标准是强制执行的标准，明确了其重要的法律性质；二是将现行的食用农产品质量安全标准、食品卫生标准、食品质量标准和有关食品的行业标准中强制执行的标准，整合为食品安全国家标准。

《食品安全法》颁布实施以来，卫生等部门不断加大食品安全标准工作力度，制定了食品安全国家标准、地方标准管理办法和企业标准备案办法，明确标准制定、修订程序和管理制度，组建食品安全国家标准审评委员会，建立健全食品安全国家标准审评制度。[①] 根据 2014 年 6 月 11 日公布的我国食品安全标准与检测评估工作进展报告，具体可将食品安全标准建设工作分为以下几个方面：

（1）"先清理，后整合"现有标准。2013 年全面清理现行近

---

① 陈佳维、李保忠："中国食品安全标准体系的问题及对策"，载《食品科学》2014 年第 9 期。

5 000 项食品标准，在此基础上，2014 年全面启动食品安全国家标准整合工作，计划于 2015 年年底完成标准整合工作，具体整合工作以《食品安全国家标准整合工作方案（2014 年–2015 年）》为指导，以期解决我国食品安全标准在横向及纵向体系上的交叉、重复、矛盾的问题。

（2）修缮标准体系。对于食品安全标准体系进行排查，制定、修订、完善缺失的食品安全标准。目前已制定公布新的食品安全国家标准 429 项。①

（3）跟踪评价标准执行情况。制定了《食品安全国家标准跟踪评价规范》，及时了解标准实施情况，组织起草了《食品安全国家标准跟踪评价技术指南》，加强对标准跟踪评价工作的组织管理和技术指导，推进标准的贯彻实施。

总体说来，自《食品安全法》颁布实施以来，我国食品安全标准建设工作有条不紊地进行着，总体局势是好的。但对某些具体的实施细节及条文规定，仍存进一步商榷的空间。比如，根据食品安全法，"卫生行政部门负责食品安全风险评估和食品安全标准制定，负责组织食品安全风险检测工作"，即将食品安全标准制定的权力交予卫生行政部门行使，实行制定与执行相分离的管理办法。卫生部副部长陈啸宏认为，"食品安全标准制定相当于立法，食品安全监管相当于执法，立法和执法分开，符合国际通行的做法。"但从另一方面考虑，这样的做法将不利于及时解决监管工作中的突出问题和难点问题，不能为监管工作及时提供有效的标准支撑，可能仍会产生许多不必要的矛盾与冲突，从而使得监管真空。

---

① 中华人民共和国卫生和计划生育委员会："食品安全标准与监测评估工作进展"，http：//www.nhfpc.gov.cn/sps/s3594/201406/8a7e0c4656a242bfb33813a6966d90bc.shtml，访问时间：2014 年 11 月 27 日。

三、有奖举报制度

食品行业又被称为"良心行业",因为在食品生产经营过程中,很容易被人做手脚而不易发觉,如滥用非法添加剂、使用"黑心"地沟油、化学加工过期腐败食品等。如果没有内部人员或专业人士进行披露,局外人很难了解实情、抓住问题实质。拿轰动一时的"福喜事件"为例,靠的就是上海电视新闻记者作为卧底,从企业内部挖掘过期劣质肉的使用及流向情况的确凿证据,才能将福喜"一举拿下",震惊全国。

相对于举报人的主动披露以及媒体平台的追踪报道,食品安全监管部门总显得姗姗来迟。据国内学者的一份食品安全监管状况的调研数据表明,食品安全监管部门十年来,媒体报道的餐饮业食品安全事件占到了53%,而由监管机关在监督检测中发现而报道出来的只有25%。[①] 因此,在面对日益风险化、复杂化的食品安全问题上,市场调节和政府监管都客观存在"失灵"的困境,必须寻找第三方力量——社会监督,其中最主要的是建立有奖举报制度。

我国对于有奖举报制度的规定最早出现于2000年修订的《产品质量法》第10条,随后在2011年,国务院食安办也发布了《关于建立食品安全有奖举报制度的指导意见》。但在最近2014年5月14日通过的《食品安全法修订草案》(以下简称《草案》)中,却不见有关"有奖举报"的表述。

此举可解读为"基于对企业利益的保护以及对举报者专业性的疑虑"。在复杂条件的市场经济下,难以判断举报者是出于公益之心还是利益动机去披露企业内部问题,如2013年12月市民

---

① 袁端端、蒋昕捷:"吹哨人能否叫停'福喜'式风险?",载《南方周末》,http://www.infzm.com/content/102976,访问时间:2014年11月27日。

举报沃尔玛超市"偷梁换柱"，用狐狸肉替代牛肉、驴肉出售，向企业索要大额赔款。经媒体追踪报道了解到，该市民有"职业打假"之嫌。在该分析维度下，《草案》的改动似乎是合乎情理的。

可是，食品安全法的修订过程中没有把有奖举报制度明确地加入进来，另一结果是加剧了举报者的困境。目前我国监管部门在理念上还不能接受匿名举报，而国家又不能对举报者提供有效的保密措施——人身保护和就业保护，在这种情况下，应当尽快建立健全有奖举报制度。虽然《草案》中没有有关"有奖举报"的表述，但从立法的条文来看还是有存在的空间，需要看各地方如何去细化。当然奖金怎么算，按什么样的程序，向哪些部门举报等也需要推敲。例如，就界定举报人身份而言，那些出于公益之心举报非法行为的企业员工、媒体记者，是当然的"吹哨人"。如果举报来自竞争对手或者职业打假人，算不算"吹哨人"，要不要给予奖励，当存争议。鉴定"吹哨人"身份，是以举报行为的社会效果为标准，还是以举报者的动机为标准，目前众说纷纭。[1] 再如，就奖金份额而言，对"吹哨人"的奖励是统一数额，还是按处罚违法者的罚金比例"提成"，也是值得探讨的问题。

有奖举报制度的长效机制必须得建立在保护举报者的基础之上。在对举报人的人身保护、就业保护和有奖奖励这三个方面的落实并不到位的现实下，有奖举报制度究竟能否发挥实效，还须拭目以待。

四、责任追究

根据《食品安全法》要求，地方政府负总责的食品安全责任体系包括三个方面的主要内容：一是地方政府对食品安全负总责；二

---

[1] 丛一："'吹哨人'制度给'万能政府'减压"，载《中国质量》2014年第9期。

是监管部门对食品安全各负其责；三是企业对食品安全负第一责任。① 那么，在发生食品安全事故时，按照以上这一责任体系，首先要追究企业管理的直接责任，同时还要追究监管部门的监管责任以及政府的领导责任。

我国政府一再强调"企业是食品安全的第一责任人"，2013 年 1 月，国务院总理李克强也在国务院食品安全委员会第五次全体会议上明确指出，加强监管并不替代企业是食品安全第一责任人，而是要确保"环环有监管、守土必有责"，做到"无缝对接"。可以从三个方面理解这个问题：

（1）引导公众与社会合理界分政府与企业即市场之间的责任关系。食品行业作为良心行业，虽然外部监管不可或缺，但其产品的安全质量更多的是靠企业经营者的自律。食品安全出了问题，完全问责政府的做法并不完全正确。将食品安全的首责落在食品企业身上，这是企业的市场主体资格和法律地位所决定的。

（2）企业是食品安全的第一责任人，也在法律层面得以体现。在最新食品安全法修订过程中，事实上区分了生产商与供应商之间的责任，但为了充分保护消费者利益，实行首负责任制，然后再按照合同等进行责任划分。

（3）此举的目的是加强生产商、供应商、销售商之间关于食品安全质量问题的关注，在产业链内部形成下游对上游的自主监督及内部质量控制，利用零售终端倒逼上游供应链对安全质量负责。

但就如何合理区分政府与企业之间的责任界限，虽然食品企业与供应商之间存在连带责任，但也要区分责任界限。当下社会中，每当食品安全事故爆发，公众与媒体向企业申讨无限责任，这并不利于责任追究机制的形成。食品企业在监督供应商方面应该尽到的勤勉

---

① 慕爽："对食品安全地方政府负总责的探讨"，载《中国食品药品监管》2009 年第 8 期。

责任，根据法律主要体现在建立进货查验制度上。在食品企业已经充分做好进货查验手续的情况下，就需要就事论事地来分析，问题是在整个产业链的哪一个环节发生和发现的，就应该由哪一个环节的企业承担主要责任。

五、网络食品监管

随着网络购物的兴起以及购物面的不断扩大，人们开始意识到网络交易平台上的食品安全问题。在 2014 年 6 月前，这还属于政府监管盲区。而随着《草案》送审稿公开，规定"网络食品交易第三方平台提供者应当对入网食品经营者进行实名登记，明确入网食品经营者的食品安全管理责任；依法取得食品生产经营许可证的，还应当审查其许可证；未履行法定义务、侵害消费者合法权益的，应当承担连带责任，并先行赔付"，这一规定标志着我国政府对网络食品的监管正式起航。

这也意味着，消费者在某一交易平台购买了质量有问题的食品时，该交易平台将负起相应的连带责任，在对其进行调查核实和处理之前，该交易平台需要出面对消费者进行先行赔付，以保障网购消费者的合法权益。

然而，由于中国对食品的生产和经营实行许可制度，面对成千上万的食品网络卖家，监管何其容易？究责从何而谈？南方周末记者采访江苏、安徽、海南等地食药监督局官员，得到的反馈都是：目前只能管到实体店，网上交易根本没法管。[①] 不难得出这样的结论，即利用发证这种传统监管方法监管网络食品安全，似乎并不现实。

---

① 郭丝露、袁端端："吃的是腔调，卖的是信任，难的是监管"，载《南方周末》，http：//www.infzm.com/content/105596，访问时间：2014 年 11 月 27 日。

此外，国外正流行一种"参与式监管"的做法，卖家邀请消费者随时去到种植地或加工地参观，通过增加透明度来保证产品的安全。卖家和消费者之间是认识的，甚至是有感情的。这样，他们在种植和生产食品的时候，往往会更用心。

其实，虽然网络食品缺少来自政府部门的监管，但并非完全意义上的监管盲区，可能只是现有监管力量（如来自市场、社会的力量）尚且不能有效地约束经营行为。那么政府在介入时，要充分利用和发挥现有的约束力量的作用，否则可能是越管越糟。因此，可以考虑依靠类似于大众点评这样的网络评价机制，鼓励网民消费者对相关的网售食品的安全性加以评估和公开，以此来帮助消费者辨明信息，增强识别能力。

第三节　食品安全监管能力的建设与提升

一、人力资源

截止到 2014 年 6 月，从已经公布的"三定"方案来看，各省的人员编制从 78~170 人不等，平均为 114.25 人；处级职数 28~55 不等，平均为 42.2 个；大部分省份在"三定"方案中明确设立食品安全稽查专员，从 2~8 人不等，平均为 5.3 人。各地设立副局长职数中，有 12 个省份设立 5 个副局长，其中有 9 个省份的副局长兼任卫生部门副局长（副主任），以方便与卫生部门协调改革事宜；有 14 个省份设立 4 个副局长，其中有 7 个省份的副局长兼任卫生部门副局长（副主任）；有 2 个省份设立 3 个副局长，无人兼任卫生部门副局长（副主任）。

除此之外，设立食品药品总工程师一职的有上海、浙江、湖北、海南和陕西 5 省市，山西省设立了药品和食品总检验师各 1 名，并明确为副厅级。14 个省份设立了食品安全总监和药品安全总监职位，其中江苏和江西两省将两个总监合二为一，设 1 人担任食品药品安全总监。而青海和黑龙江两省仅有食品安全总监 1 人（见表 1）。

表 1　各省内设机构与人员编制数量基本情况一览表

区域	省份	人员编制	处级职数	食品安全稽查员人数
直辖市	北京市	170	57	8
	上海市	109	35	—
	天津市	—	—	—
	重庆市	119	37	6
华北地区	河北省	130	54	5
	山西省	103	44	8
	内蒙古自治区	105	44	4
华东地区	安徽省	127	42	4
	山东省	130	49	5
	江苏省	126	41	6
	浙江省	87	37	4
	福建省	107	33	2
	江西省	90	32	4
华中地区	河南省	150	53	8
	湖北省	100	42	5
	湖南省	115	47	4
华南地区	广东省	120	55	—
	广西壮族自治区	104	38	5
	海南省	76	31	—

区域	省份	人员编制	处级职数	食品安全稽查员人数
西南地区	贵州省	93	28	5
	四川省	128	37	6
	西藏自治区	—	—	—
	云南省	142	46	6
西北地区	甘肃省	95	35	—
	青海省	78	32	2
	宁夏回族自治区	—	—	—
	新疆维吾尔自治区	115	—	—
	陕西省	115	39	6
东北地区	黑龙江省	120	50	8
	吉林省	135	55	—
	辽宁省	110	46	5

资料来源：作者根据各地改革的三定方案自绘。

二、检验检测能力

我国食品药品安全形势总体稳定向好，但食品产业量大面广、发展水平参差不齐，药品领域高科技造假等问题比较突出，必须依靠科学技术有效规避和化解风险。因此，更要重视和加强检验检测工作。

但食品检验检测机构整合存在被弱化的问题。在划转过程中，由于原来质监部门下属的食品安全检验检测机构较多，总有各种理由留下众多设备和人员，导致不能满足新成立机构的检验检测需求，一些地方需另行购置，造成重复投入和浪费现象。

为此，各地在整合检验检测机构的过程中，应当明确检验检测机构的编制和财务属性，对整合后的检验检测机构人员进行分类管理，统一推进，同时逐步加大引入第三方委托检验的方式，加快检验检测机构逐步整合并走向市场。

三、技术标准建设

在过去食品安全标准体系中，农药残留、兽药残留和食品添加剂的安全限量严重缺乏，正是这些安全标准上的"盲区"，导致某些生产含有有害物质的食品能够蒙混过关，最终对消费者造成危害。

自《食品安全法》颁布以来，卫生部对 2009 年以前发布的涉及农药残留限量的国家标准、行业标准进行了全面清理，发布了新的 GB 2763—2012《食品安全国家标准食品中农药最大残留限量》由原来的 201 种农药 873 项残留限量标准增加到 322 种农药 2 293 项残留限量标准，基本涵盖了我国农业生产常用农药和居民日常消费的主要农产品。制定公布 411 项新食品安全国家标准，包括乳品安全、食品添加剂使用、真菌毒素限量、预包装食品标签和营养标签、农药残留限量以及部分食品添加剂产品标准等。

四、执法能力

本轮食药改革的一大目的是打破原有以"分段监管"为特色的食品安全监管体制，破除部门主义弊病，统一监管。但在制度惯性的作用下，食药、农业和卫生"三足鼎立"的局面将在较长时间内存在。因此，在行政执法层面，可能出现以下状况：尽管各地食药监部门都组建了稽查分局或者明确设立食品安全稽查专员，但执法过程中普遍存在"以罚代刑、有案不移、有案不立"等现象，即用行政处罚替代刑事责任，很难将案件移交司法机关处理，事实上降低了监管对象的违法成本。① 此外，由于经费的限制，约束了监管部

---

① 胡颖廉："地方食品监管体制改革前瞻"，载《中国党政干部论坛》2013 年第 7 期。

门的执法能力，甚至产生追逐业绩或利益的"逐利性监管"。

由于在处理食品安全事故时，监管部门一般都会与公安部门联合出击，前者虽然可能仍须面对"分段"或政出多头的问题，但后者却是全程参与者，不受分段及部门限制。因此，可以考虑利用公安机关的全程执法，来弥补食品安全监管体制的缺憾——建立专门的"食品警察"队伍，即仿照"森林警察"的模式，在国家食品药品监督管理总局内设食品安全犯罪侦查局，纳入公安编制序列并接受公安部业务指导。① 2009 年 6 月，长沙市公安局治安管理支队成立全国首支食品安全执法大队，之后"食品警察"政策逐渐扩散，北京、重庆、辽宁、河南和广州等地都设立了食品药品犯罪侦查机构。

因此，在谈及提高食品安全监管的执法能力时，有两条思路：一方面，加强食药部门稽查队伍建设；另一方面，公安机关在同级食药部门派驻侦查机构，专司打击食品药品安全犯罪行为。公安机关与食药部门的结合，有利于行政执法与刑事司法的紧密衔接，既在纵向上提升了食药部门的行政执法能力，又在横向上拓宽了食品安全监管维度与效用。

第四节　食品安全监管效果及评估

一、食品安全事故

2013～2014 年，食品安全事故频发，似乎新一轮食药监管体制改革的乏力与举棋不定，消耗的是以公众的食品安全为代价，以下

---

① 胡颖廉："地方食品监管体制改革前瞻"，载《中国党政干部论坛》2013 年第 7 期。

整理出近两年来进入公众视野的，事态较严重、影响较恶劣的几起食品安全事故。

（一）恒天然"毒奶粉"事件

2013 年 8 月 2 日，新西兰乳制品巨头恒天然集团向新西兰政府通报称，其生产的 3 个批次浓缩乳清蛋白中检出肉毒杆菌，影响包括 3 个中国企业在内的 8 家客户。8 月 5 日，恒天然集团承诺将在 48 小时内启动"召回和进行召回措施"。

自 3 月发现奶粉源受污染至 8 月将信息披露给公众，中间时隔半年之久，虽然是企业自检后主动将奶粉问题公布，但这位奶粉巨头难以摆脱对于其延迟宣布消息的诟病。事件爆发后，中国国家质检总局发出通告表示，决定对恒天然无限期叫停，直至"毒奶粉"污染事件完全解决。

有专业人士预计，以恒天然在上游高度垄断的话语权，此次风波很难动摇它的地位，国内各大奶粉厂商还是会和恒天然进行业务往来。但近年来，洋奶粉质量问题屡屡浮出水面，美赞臣、雀巢等一线洋品牌奶粉曾多次被曝出金属污染、碘超标等事件；雅培、多美滋等知名洋奶粉也曾经陷入"虫子门"，加之恒天然此次的"毒奶粉"事件，让国人进一步重新审视洋奶粉的质量问题。自 2008 年三鹿三聚氰胺事件爆发后，抛弃国产奶粉，高捧洋奶粉的热潮是否应该"过过冷水"？

（二）沃尔玛狐狸肉事件

2013 年 12 月 19 日，《济南时报》报道称，一消费者在沃尔玛超市购买驴肉、牛肉后，因食用时发现肉质有问题，经相关部门检测发现竟为狐狸肉。沃尔玛方面第一次对此事作出的回应是"可能遇到了职业打假人"，而非检查自身的食品安全检测程序和进货渠道，有转移责任、顾左右而言他之嫌。最终在 12 月 24 日出版的《京华时报》上，沃尔玛发表声明，表达对此事的歉意，并在第一时间下架封存了该商品。

山东省食品药品监管局对沃尔玛提出了整改意见："全面履行食品安全主体责任，加强食品安全追溯管理，加大进货查验和质量检验力度，把好食用农产品和食品采购关，为消费者提供安全、优质的食品。同时，建议沃尔玛能开诚布公地回应食品安全问题，健全顾客投诉受理机制，主动公布食品安全信息，自觉接受媒体的监督。"

但出现类似的食品安全事故不仅是企业的问题，食品安全监管方也存在漏洞。我们的食品安全如何保障，这个话题再一次摆在了面前。

（三）汇源、安德利"烂果门"事件

2013年9月22日，21世纪经济报道发布了"那些果汁是如何炼成的：'瞎果'原料链条调查"的报道。指出由于各种原因并没有得到很好保护而腐烂变质，或是在未成熟之前就跌落的"瞎果"，被果汁企业收购而加工成果汁。此次事件涉及3个水果产区，分别是安徽省砀山县（海升、汇源分公司所在）、江苏省丰县（安德利分公司所在）、山东平邑县（汇源分公司所在）。多家国产果汁巨头一道卷入"烂果门"，让各界再度关注果汁的食品安全问题。

2013年9月23日，安徽省食药监局派出调查组赴事发地展开调查，现场抽样检验，并责令安徽砀山海升果业有限责任公司、北京汇源集团皖北果业有限公司在情况未查明之前停产自查。并于9月26日，公布对砀山海升、汇源两家果汁生产企业抽检结果，"未检出棒曲霉素，表明果汁原料不含腐烂成分，厂家可恢复生产"。

尽管从监管部门调查来看，并未发现几大巨头有用腐烂变质的水果生产果汁，但收购残次果、落果等事实却普遍存在于行业中，这样做既是基于节约成本的考虑，又是业内"公开的秘密"。《扬子

晚报》发表评论分析"瞎果事件"产生的原因是大品牌肆意"开疆拓土"与管理链条缓慢延伸之间的不对称，在粗放的隶属关系内，"子企业具备了独立的、过强的利益意识，以直接、可见、短线的收益为追求，排斥参与到母品牌的声誉建构中"。毋庸讳言，这确是极易出事的格局。并指出需要进行改革，治理大品牌背后的蛮荒乱象。

（四）我国台湾地区地沟油事件

我国台湾地区警方 2014 年 9 月 4 日通报，查获一起以"馊水油"（即地沟油）等回收废油混制食用油案件。此次地沟油事件波及的厂商遍及台湾全岛，根据台湾地区"卫生福利部"发布的统计，涉案企业强冠公司生产的"全统香猪油"，共出货给 235 家业者，制品再流向 1 012 家下游业者，共波及 1 247 家业者的 208 项产品。

强冠企业用地沟油服务下游厂商，类似的，近期发生的麦当劳供应商福喜过期肉事件和亨氏米粉铅超标事件，也都是上游供应商出现问题连累无数下游企业。下游企业当然有用人不察、监管不严的问题，但一个切实的问题摆在下游厂商面前：如果下游厂商选择的都已经是业内最靠谱的上游供货商，那还能有多少选择和改变的空间？

对于地沟油，推陈出新检测办法、加强监管、加大处罚、呼吁企业自律，这些措施即使有效，也是治标之策，要根本解决问题、杜绝源头，还要从废油回收做起，虽然这是一项浩大琐碎、见效慢的工程。

（五）美素丽儿奶粉造假案

2012 年 11 月 21 日，苏州工业园区工商、质监等部门接到举报后迅速依法对玺乐丽儿公司的经营点、非法改装点进行了清查，对产品进行了全批次检验，对不合格奶粉进行了封存。因案情重大，质监部门将案件移送公安机关，由公安机关依法立案，已于 2013 年

1 月 11 日，在上海将该案主要犯罪嫌疑人牟骏抓获。

2013 年 3 月 28 日，央视《每周质量报告》的报道称，"美素丽儿"在华代理商玺乐丽儿进出口（苏州）有限公司（原苏州美素丽儿母婴用品有限公司）在没有获得食品生产许可的情况下，涉嫌非法生产号称荷兰原装进口的美素丽儿奶粉。

2013 年 4 月 2 日，江苏省委省政府通报"美素丽儿"奶粉事件最新调查进展，"目前，苏州工业园区有关部门责令涉案玺乐丽儿公司停业整顿，江苏全省暂停销售涉嫌不合格的美素丽儿奶粉，并对其登记造册、就地封存"。

2012 年年底，苏州工商、质监就已查封不合格奶粉，然而全国仍在热销，4 个月后公众才知晓，各地才开始下架问题产品。"美素丽儿"问题奶粉事件，暴露了分段监管、信息不共享的弊端，以及食品安全监管的缺位和割裂。如今食品监管职能已经整合，要杜绝类似问题的发生，需要监管部门切实承担应尽的职能，建立源头治理、全程监管、预防为主的监管机制，而不是出了问题"踢皮球"。

（六）上海福喜事件

2014 年 7 月 20 日，据上海广播电视台电视新闻中心官方微博报道，麦当劳、肯德基等洋快餐供应商上海福喜食品公司被曝使用过期劣质肉。上海食药监局跟进调查，并于当晚查封该工厂。截至 2014 年 7 月 23 日，共出动执法监察人员 875 人次，共检查食品生产经营企业 581 户，对经营、使用福喜公司产品的企业的问题食品，均已采取下架、封存等控制措施。

那么，这件事的发生到底是谁之过？仅是福喜"一个人的责任"？福喜下游的洋快餐，真的是"不知者无罪"？症结在于法律法规与组织构架间的不匹配。其中，《食品安全法》的制定与它的监督、执行严重脱节。尤其是"多头管理"的方式造成了有关部门之间的责任推诿，且中央与地方到底谁才是执行的主体，定位也不甚清晰。当然，要改进的地方远不止是违法成本问题，相关法律条文还有其他值得改进的地方。比如，上述提到的中国标准与欧美标注存在差异的问题。

二、食品中毒事故

根据卫生计生委办公厅发布的关于 2013 年全国食物中毒事件情况的通报，"2013 年全国食物中毒类突发公共卫生事件（以下简称食物中毒事件）报告 152 起，中毒 5 559 人，死亡 109 人。与 2012 年同期相比，报告起数减少 12.6%，中毒人数减少 16.8%，死亡人数减少 25.3%。2013 年无重大级以上级别食物中毒事件报告；报告较大级别食物中毒事件 76 起、中毒 1 099 人、死亡 109 人；报告一般级别食物中毒事件 76 起、中毒 4 460 人。"① （见表 2、表 3）

表 2　2012～2013 年全国食物中毒类突发公共卫生事件对比

年份	食品中毒事件	中毒人数	死亡人数
2013	152	5 559	109
2012	174	6 685	146

表 3　2013 年全国食物中毒类突发公共卫生事件类别详情

		数量	中毒人数	死亡人数
类别	重大级以上级别食物中毒事件	0	0	0
	较大级别食物中毒事件	76	1 099	109
	一般级别食物中毒事件	76	4 460	0

---

① 卫生计生委办公厅："关于 2013 年全国食物中毒事件情况的通报"，载中国政府网，http://www.gov.cn/xinwen/2014-02/20/content_2623261.htm，访问时间：2014 年 11 月 27 日。

三、食源性疾病监测

2014 年年底国家卫生计生委关于《食源性疾病管理办法（试行）（征求意见稿）》（以下简称《意见稿》）公开向社会征求意见。

《意见稿》明确，医疗机构发现食源性疾病或者疑似食源性疾病，且学校、幼儿园、建筑工地等集体单位 5 人以上就诊病例，应当在两小时内报告。任何单位和个人不得对食源性疾病隐瞒、谎报、缓报，不得隐匿、伪造、毁灭有关证据。同时指出，国家食品安全风险评估中心应当会同中国疾病预防控制中心每日对食源性疾病信息进行汇总、分析。发现跨省的聚集性情形，应当及时报告国家卫生计生委、通报相关省级疾病预防控制机构。

在该《意见稿》的指导下，全国设置食源性疾病监测哨点医院 1 600 余家。全年共接到食源性疾病暴发事件报告 1 001 起，救治患病人数 14 413 人。监测显示，化学性因素引起的食源性疾病有下降趋势，致病性微生物仍然是主要病因。[①]

总的来说，我国食源性疾病主动监测体系建设刚起步，建设原则是"边工作，边建设"。[②] 但由于检测手段的缺乏，在对食源性致病菌的风险评估中，缺乏代表性的样品量和检测数据；且我国致病菌的检测标准更新慢、可行性差，对致病菌检验研究基础起步较晚，这些因素都在制约着检测体系的建设与发展。尽管有这样那样的问题，但建设形势向好，一系列的政策举动表明，国家已经开始重视食源性疾病检测。

---

① 中国人民共和国国家卫生和计划生育委员会："食品安全标准和监测评估工作进展"，http：//www.nhfpc.gov.cn/sps/s3594/201406/8a7e0c4656a242bfb33813a6966d90bc.shtml，访问时间：2014 年 1 月 27 日。

② 施林妹、蔡明珂："食品食源性疾病监测体系的构建"，载《丽水学院学报》2012 年第 2 期。

四、食品安全风险监测

《食品安全法》为我国食品安全风险评估设定了基本格局，即国家食品安全风险评估和农产品质量安全风险评估依然由卫计委和农业部主管。在此格局下，已初步形成国家食品安全风险监测体系，一是技术数据基础，即全国食品污染物监测网络和全国食源性疾病监测网络；另一个重要的工作是按《食品安全法》的要求，制订国家食品安全风险监测年度计划，实施按项目开展风险监测工作。①

卫计委对 2013 年食品安全风险监测评估的工作进展作出如下报告，"在 2 142 个县区设置食品污染物监测点，2013 年共监测 42 万件食品样品、涵盖 307 项各类监测指标，获得监测数据 493 万个"；"在全国 32 个省级疾控中心加挂'国家食品安全风险监测（省级）中心'牌子，作为国家风险监测的省级核心技术机构"；"启动地市级疾控机构风险监测设备配置项目"。②

据监测结果表明，我国食品安全形势总体稳定并不断向好。然而，仍须清楚地认识到，我国食品安全风险监测体系建设和风险评估工作依然处于基础阶段。此次机构改革的一大目的是将监管的触角延伸至基层，虽然体制上在乡镇设置基层监管机构并编配了基层稽查人员，但依然缺乏监测计划项目所需要的实验仪器和设备，或者难以达到监测项目的监测精度，专业技术人员明显不足。即使在省级的风险监测机构，也存在有实验室仪器配备不达标和承担监测技术的操作人员水平不合格问题。我国食品安全风险监测体系建设依然处于基础阶段，任重而道远。

---

① 唐晓纯："国家食品安全风险监测评估与预警体系建设及其问题思考"，载《食品科学》2013 年第 15 期。

② 中国人民共和国国家卫生和计划生育委员会："食品安全标准和监测评估工作进展"，http：//www.nhfpc.gov.cn/sps/s3594/201406/8a7e0c4656a242bfb33813a6966d90bc.shtml，访问时间：2014 年 11 月 27 日。

五、食品安全行政执法和刑事处罚

在我国食品安全监管法律体系中，以《食品安全法》牵头，与行政法规、部门规章一起构成了基本的法律框架。但由于法律条文并非完文，存在漏洞，最主要的就是食品安全犯罪的法律责任和定罪量刑标准的界定不够明晰，使得食品安全违法犯罪成本不高，有损法律威严与震慑力；同时，由于部门规章之间执法差异很大，标准难以统一，造成"有法难依"甚至"无法可依"的局面。

作为以上困境的回应，在 2013 年 5 月 3 日，最高人民法院、最高人民检察院联合公布了《关于办理危害食品安全刑事案件适用法律若干问题的解释》（以下简称《解释》）。整个司法解释都透露出强硬态度，"严惩"成为关键词之一。

《解释》针对惩治危害食品安全犯罪中遇到的法律适用问题，进一步明确了危害食品安全犯罪的定罪量刑标准以及相关罪名的司法认定标准，统一了法律适用意见。[1] 此外，《解释》还针对食品安全渎职罪规定从重处罚。此举旨在增强行政执法的灵活性，加大对食品安全犯罪的惩治力度，有力打击危害食品安全的犯罪分子，保障群众健康安全。

我国的食品安全法律体系正在走"上坡路"，虽任重道远，但总体上在不断完善。然而，法律只能作为社会管理的最低限度，食品安全监管还需要更高层面的东西来补充——诚信道德。只有将法律法规与诚信道德结合起来，才能消除食品安全顽疾。

---

① 陈国庆、韩耀元、吴峤浜："《关于办理危害食品安全刑事案件适用法律若干问题的解释》理解与适用"，载《人民检察》2013 年第 13 期。

第五节　政策建议

一、整合地方政府监管体制

此轮机构改革中，总体来说出现了两种方向：一是参照国务院机构改革模式，将涉及食品安全监管的职能纳入新组建的食品药品监督管理总局，进行有效地统一、集中监管，即食药监管单列；另一种改革趋势是在不同层面整合工商、质监和食药监的机构和职能，即市场局模式。

目前改革模式五花八门，难以统一标准，加之地方市场局模式并未完全贴合中央政策意向，明曰"创新"，实有囿于部门本位主义，钻政策漏洞之嫌，对于市场局的优劣以及食药监单列和市场局的留存问题，各界讨论十分激烈。如《南方周末》将两种模式的选择比作地方政府在"长痛"与"短痛"之间进行取舍，所谓短痛就是在预算和编制的硬约束下，如果不搞"三合一"，改革就会无限期地拖延，造成监管力量缺失、监管真空频现等直接问题；但如果搞了"三合一"，就会出现食药工作弱化、专业性不够尤其是素质不高的长远问题。很多地方想先治标，后治本，先合并，再来解决监管素质或者专业性的问题。这就是为改革而改革，背离食药监体制改革初衷的理由。① 而即便是严格参照国务院改革精神的地方，也并不好过。全国各地涌现的市场局模式，使得未来的政策走向变得不

---

① 袁端端、汪滔："寄望危机驱动改革，食品安全早晚出事"，载《南方周末》，http：//www.infzm.com/content/105376，访问时间：2014 年 11 月 27 日。

明朗，他们一边在适应着机构改革后的工作，一边还要担心是否会被合并。

从总体上看，没有十全十美的监管体制。比如，垂直管理体制虽然有利于提高监管专业性以及破除地方保护主义，但也存在权责不对称、地方政府不重视等问题。将食药监管部门单列，有利于加强专业性和人才队伍建设，但整体监管资源也相对较弱，同时协调成本增加。而"三合一"模式更适用于食药监管任务比较繁重的、经济发达的地区。因此，我们现在要做的是：

（1）不要急于全面否定正在开展的"三合一"模式，应对于食药单列模式和"三合一"模式继续进行跟踪督促，同时对两种模式展开比较分析和研究。

（2）针对还没有开展改革的地区，中央政府的督促应当与指导结合起来，无论是哪种模式，国务院应该尽快颁布依据监管对象、产业特征以及风险高低等标准的监管体制、经费、编制等资源的设置标准和规范。

（3）从现实来分析，体制改革千百遍，最重要的在于要划分好中央和地方各级政府，以及同级政府不同部门之间的事权和责任，做到权责一致，同时确定下来之后应尽快稳定监管体系和队伍，落实监管编制和经费，明确监管责任，不要再大规模折腾。

二、优化监管机制

我国食品监管体制改革与调整的步伐始终都是朝向监管机构的撤并，而由于制度惯性作用，新成立的监管机构也许并没有能力与既有的利益格局抗衡，由此造成的情况是，要么新监管机构权威性有限，或者是新监管机构的成立只是为原本已经复杂的监管市场新增一道关卡。无论何种模式的监管，如果不能树立严格的监督制度，改革就只能沦为部门之间的博弈。①

为此，若要进一步深化改革，就必须得落实全链条监管，不能留有监管漏洞，让改革成果被架空。具体地，监管链条包括事前监管、事中监管和事后监管：

（1）事前监管要继续推进，完善审批查制度改革，落实"审、批、查"相互分离、相互制约、相互监督的新机制，提高效率，制约权力，把不够条件的产品和企业挡在市场之外，为保障安全奠定基础。

（2）事中监管要在扩大监管覆盖面、增加监管频率和突出重点难点问题上下工夫，主动发现问题，新的《食品安全法》更多的是对违法违规行为进行处罚，这就要求我们要强化事中监管的力度，主动发现问题、查处问题。

（3）事后监管要综合运用监督检查、产品抽验、风险监测、社会监测等手段，对企业产品的各种数据、信息及时进行汇总、分析和研判，对问题能够及时发现、预警和处置。也要加大对违法违规行为的惩处和曝光力度，做到追根溯源、紧抓不放、一查到底，树立监管的威慑力。

在此，可参考湖南省在食品安全监管机制改革创新方面作出的有益尝试。2014 年 9 月 4 日，湖南省正式试点食品安全责任强制保险，成为全国开展食品安全责任强制险试点工作最早的省份之一。根据《关于开展食品安全责任强制保险试点工作的指导意见》②，食品安全责任强制保险试点坚持"政策引导、监管推动、专业运作、多方共赢"的原则，试点范围包括重点食品生产企业、试点销售婴幼儿配方乳粉药店、餐饮服务连锁企业、学校食堂、农村集体聚餐

---

① 袁端端、孙然："市场局横空出世，食药改革何去何从"，载《南方周末》，http：//www. infzm. com/content/103607，访问时间：2014 年 11 月 27 日。

② 湖南省食品药品监督管理局："关于开展食品安全责任强制保险试点工作的指导意见》，载 http：//www. foodmate. net/law/hunan/184035. html，访问时间：2014 年 12 月 10 日。

提供者、集体用餐配送单位和中央厨房、大型工地工厂食堂等七类重点行业，涵盖食品生产、流通、餐饮三个主要环节。以此来避免发生食品安全事故后，食品生产者和销售者无力承担巨大的赔偿压力或者逃避法律责任，导致消费者索赔无门，转而风险转嫁到政府身上的局面。

食品安全责任强制保险采取先行先试、分步推广的模式展开，首先在群众反映强烈的、高风险的重点行业及重点领域开展试点。目前试点工作已在全省各市州、县市同步开展，而人保财险湖南分公司也是湖南首家参与食品安全责任强制保险试点的保险公司。截至 2014 年 12 月 6 日，湖南全省已有 843 家企业或行业协会投保了食品安全强制责任保险，其中食堂类 613 家，食品生产企业 200 家，餐饮连锁企业 30 家。[①]

湖南省先行"试水"食品安全责任强制保险为全国其他省市引领了一个好的开端，对于消费者在食品安全事故中的及时赔偿和损失挽回，对于生产者和销售者转移赔偿压力，对于倒闭食品企业提高行业安全标准及完善自我监督，对于政府化解食品安全责任风险与事故善后的财政压力，都是增进裨益之举动。但有一点值得注意的是，投保并不意味着解决一切问题，食品安全责任强制保险的推行应作为手段来解读，而非目的，谨防"一保了之"企业思维，最终靠的应是产品品质和企业诚信。

三、提升监管能力

目前，由于我国基层的食品安全风险大部分还是人为的制假售假风险，提升食品安全监管能力的重心应放在监管面的全覆盖以及监管队伍的稳定，这要比监管专业性的问题更为迫切。因为只有先

---

① "湖南 843 家企业投保'食强险'"，载《三湘都市报》，http://finance.ifeng.com/a/20141204/13327960_0.shtml，访问时间：2014 年 12 月 10 日。

把面上的监管网络织起来，才有可能在节点上更加强化监管的专业性。

而合格的监管队伍不仅要有量的要求，还要有质的保证。机构改革后，虽然队伍扩大了，但鉴于工商、质监、食药监督局的整合，大部分监管人员过去从事的是市场监管，对食品监管了解得不多，存在知识空白点。这都需要加大教育培训力度，要突出实用性、实践性，尽快训练出一支速成、管用的队伍；同时，细分监管领域，解决专业问题，才能使食品药品监管队伍在打击违法行为、服务行业发展、满足群众饮食用药安全上发挥应有的作用。

四、改善监管效果

（一）加强信息化建设

其一，要尽快建设完善食品药品安全信息平台、行政审批平台、举报受理平台、电子信息追溯系统、信息化指挥平台，充分发挥信息化手段在监管中的重要作用。

其二，要建立食品药品生产、经营及消费单位统一的数据库，建立食品药品质量追溯制度，形成来源可追溯、去向可查证、责任可追究的安全责任链。

其三，要把12331投诉举报平台建立起来，实现举报平台联网。这是食药监工作展示形象的窗口。同时，通过对12331信息数据的分析，主动、尽早地发现区域性、系统性的食品药品安全事件。

（二）推进食品安全监管信息公开

信息公开可以增强公众对食品药品安全的信心，提升监管部门的公信力，同时也是给企业一定的压力，有利于更好地落实企业主体责任。事前、事中、事后监管信息原则上都要公开。食品安全突发性事件多，媒体高度关注，要及时公开相关信息，正确引导媒体，积极把握舆论导向。

（三）推进食品安全信用体系建设

食品行业俗称"良心行业"，社会信用建设可以说是食品安全的长效机制和根治之策。自 2004 年以来，食品安全作为我国社会信用体系建设的一个新方向，食品安全信用体系建设工作呈现出良好的发展态势。但近几年，重大食品安全事故频频走入人们眼帘，不断地提醒着食品安全信用体系仍待建设完善。

一是大力加强宣传培训。通过培训教育活动，增强全社会的信用意识，进一步强化食品安全工作，地方政府负总责，企业是食品安全的第一责任人，消费者积极参与食品安全监管的意识。

二是建立健全食品安全监管信用档案。信用档案的建立主要是为食品安全信用信息平台建设而服务，以形成内环信息和外环信息网络。内环信息具备采集、汇总各有关部门所掌握的企业信用信息，实现政府部门之间信用信息共享、规范食品企业市场、增强企业风险防范能力。外环信息畅通，服务于广大消费者的知情权，为百姓吃上放心食品提供指导和帮助。

三是充分运用信用奖惩机制。充分利用食品企业信用档案的成果，发挥信用奖惩机制的作用，褒奖守信，惩戒失信，将严重违反食品安全管理制度、制假售假等严重失信的食品企业逐步列入"黑名单"，形成联合防假、失信曝光的机制，如 2014 年 11 月 24 日，北京市食品药品监督管理局公布的《北京市食品药品安全监管信用体系建设管理办法（试行）》[①] 将于 2015 年 1 月 1 日试行，就是运用信用体系管理食品安全之举。届此北京将在食品药品企业当中推

---

① 北京市食品药品监督管理局："北京市食品药品监督管理局关于印发《食品药品安全监管信用体系建设管理办法（试行）》的通知"，载 http://www.china12315.com.cn/html/2014/zfsy_1124/43480.html，访问时间：2014 年 12 月 10 日。

行扣分制：被责令停产停业的，扣 6 分；食品药品违法受到刑事处罚，一次扣 12 分。像开车违反道交法扣分一样，满 12 分就会被锁入"黑名单系统"。

（四）推动社会共治

在监管工作中，要跳出固有的监管模式，在主体上，变单一政府主体为政府、企业、社会组织、公众、新闻媒体等多元主体共治；在方式上，变单一行政手段为法律、道德、市场等多种手段并举。

其一，动员全社会的力量，共同监督食品安全。

其二，全方位地宣传投诉举报奖励制度，鼓励公众投诉举报，畅通投诉渠道。

其三，有效地发挥行业协会、社会公众、新闻媒体等作用，凝聚起维护食品安全的强大合力。

第三章　食品安全社会参与发展状况

第一节　食品安全治理中的企业自律

保障食品安全，关键之一是抓好企业自律。我国《食品安全法》规定了食品安全第一责任人制度，明确了食品生产经营企业应当依照法律、法规和食品安全标准从事生产经营活动，对社会和公众负责，保证食品安全，接受社会监督，承担社会责任。这不仅要求企业在技术和管理上提升能力，还应把诚信和守法体现在生产经营的全过程。

国际社会普遍采用恩威并施的方式引导企业自律，其把各方面的约束与激励措施集中到生产经营者行为上，通过严厉的违法性惩罚与多方共赢的机制，促使食品企业发自内心地意识到守法才是本分。近年来，我国通过落实食品安全第一责任人制度、建设食品企业诚信体系、完善食品生产经营者食品安全管理制度等，进一步强化了食品安全生产经营企业的自律意识，如针对食品生产经营者食品安全管理工作需要，国务院公布了《国务院关于加强食品等产品安全监督管理的特别规定》，通过进一步规范食品安全监督检查工作，完善食品生产经营企业责任与自律意识。为落实食品安全第一责任人制度，国家质检总局联合有关部门印发了《关于依法规范食品加工企业的指导意见》，把食品生产加工企业的质量安全主体责任归纳为 14 个方面；随后，其又先后公布了《食品生产加工企业落实质量安全主体责任监督检查规定》《乳制品生产企业落实质量安全主体责任监督检查规定》，再一次明确这 14 个方面的质量安全主体责任，并且进一步细化为 76 个子项，从严格原料入厂到严格食品出厂，严管整个生产加工过程。为配合食品企业诚信体系建设工作，工业和信息化部制定了《2014 年食品工业企业诚信体系建设工作实施方案》，为促进食品行业的健康发展、增强企业自律意识起到积极作用。

一、诚信体系建设

企业诚信是实现食品安全的内在保障，诚信管理体系是企业建设的重中之重。为推进食品生产经营企业诚信体系建设，工业与信息化部搭建起国家食品工业企业诚信信息公共服务平台，对符合食品工业企业诚信管理体系（CMS）评价要求的食品企业进行公示。各省也纷纷搭建诚信体系网络平台，目前该平台已覆盖东北、华北、华中、华南等 16 个省市（见图 3），业务范围涵盖企业诚信信息查询、企业诚信信息申请、法律法规、政策标准、可追溯查询等。

2014 年，全国各省市也开展了以食品企业诚信建设为主体的多种形式活动。辽宁省各级农业部门连续两年开展了农资诚信体系建设，诚信经营活动得到了 1 760 家农资经销企业的积极响应，辐射全省 74 个农业县区。盘锦市为全市 322 家食品生产企业建立了信用档案。阜新市开展了评选注重品牌、恪守商业信誉的"食品安全示范户"活动，发挥典型引路的作用。重庆市经济和信息化委员会在食品工业企业诚信体系建设试点单位，建立食品企业诚信不良记录收集、管理、通报制度和行业退出机制等，企业内部建立了覆盖采购、生产、储运、销售全过程的制度管理体系，每月向主管部门报送诚

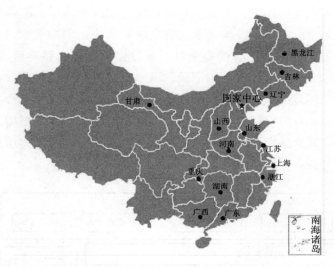

图3 食品工业企业诚信网络体系地方信息公众平台建设情况①

信信息征集报表。包头市工商部门则实施了严格的食品企业信用分类监管制度，按照企业的信用级别，实行 A 类远距离、B 类有距离、C 类近距离、D 类零距离的分类监管。对 A 类企业以支持发展为主，鼓励其做大做强；对 B 类企业以帮扶和督促为主，促使其规范生产；对 C 类企业重点加强监管；对 D 类企业坚决实施停业整顿。在积极开展试点探索、推进诚信体系建设的同时，安徽省还积极指导、支持成立了安徽省屠宰行业协会，强化行业自律，促进全省屠宰行业健康发展，切实保障群众肉食品消费安全。

二、可追溯安全防范体系

可追溯安全防范体系的建设需要企业的成本投入，企业纷纷加

---

① 本图源自"国家食品工业企业诚信信息公共服务平台"网，载 http://www.foodcredit.org.cn/#，访问时间：2015 年 3 月 11 日。

强可追溯系统的建设，正是企业提升规范化经营水平、加强企业自律的有效手段之一。按照《食品安全法》实施条例的规定，企业落实食品安全主体的主线就是全员、全过程、全方位都要形成记录，做好食品安全全过程的真实记录，可追溯系统的建设就要求食品安全的每个环节都应有真实记录。随着信息技术广泛应用于食品生产加工企业，有志于打造品牌食品加工的生产企业，应该把加强信息记录手段同食品安全可追溯系统紧紧结合起来，实行库房信息的实时动态更新（见图4）。

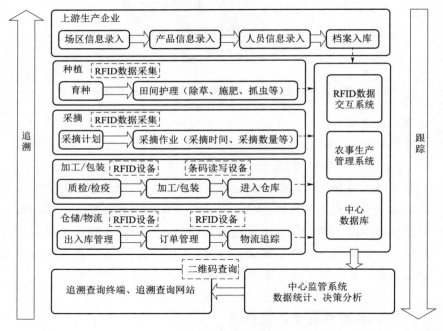

图4 食品安全可追溯系统

2014年6月"食品质量安全追溯系统平台"在内蒙古呼和浩特市正式启动。该项目由工信部推动，目的是运用现代信息技术和信息管理手段，探索在食品行业开展质量安全追溯体系建设。蒙牛、伊利、完达山、三元、茅台、五粮液 6 家试点单位已经纳入该平台系统。兰州市制定《兰州市加强"食品安全追溯管理"追溯体系建设工作实施方案》《兰州市清真食品管理办法》《兰州市粮食流通管理办法》等一系列规章制度。截至 2014 年 10 月上旬，全市总计 32 671 户食品生产经营中，食品生产企业、食品批发、商超、中型以上餐馆、学校单位食堂、食品安全示范店、婴幼儿配方乳粉经营门店共 8 700 户纳入食品安全追溯信息平台，发展率 100%。食品安全追溯管理系统基础数据库不断完善，商品备案数 241 361 条；进销货台账总数 16 152 384 条，其中进货台账数 6 703 272 条，销货台账数量 9 449 112 条，构建了能基本满足需求的数据平台，为食品安全可追溯监管提供了信息基础保障。上海市制定《上海市食品安全信息追溯管理办法》，将食品流通安全信息追溯系统建设列为上海市政府实事项目，目前各品种追溯系统建设已覆盖猪肉、蔬菜、牛羊肉、粮食、水产、禽类，并拓展到酒类、乳制品等共 8 大类食品，共有 2 000 余家实施企业，涉及标准化菜市场、标准化超市、大卖场、肉类屠宰场、粮食加工厂、批发市场、配送企业、团体采购单位等。消费者可以通过索证、索票的方式，查询到上游产品的来源以及它的"出生地"。对肉类、蔬菜食品追溯，覆盖范围包括屠宰场、批发市场、菜市场、超市和团体采购单位。2014 年 6 月，上海进口红酒的食品安全追溯体系开始在自贸试验区内进行试点，外高桥保税区营运中心下属红酒中心会员单位公共仓库内的 7 万多瓶酒类产品已纳入了追溯体系，保证来源可查、去向可追、责任可究。

三、自查自纠制度

2013 年 11 月 14 日，由国家食品药品监管总局和国家卫生计生委日前联合发出通知，要求全国各地做好食品安全国家标准《食品生产通用卫生规范》（GB 14881—2013）的实施工作，督促各食品生产企业严格按照卫生规范要求开展自查。该规范指出，卫生规范是食品生产的最基本条件和卫生要求，是对食品安全法提出的食品生产过程、厂房布局、设备设施、人员卫生等要求的细化和分解，也是生产企业保证食品安全的重要手段。2014 年 6 月 23 日，《食品安全法修订草案》正式提交全国人大常委会初次审议，本次修法的亮点之一在于强化食品企业的风险防范，增设了食品企业的自查制度，要求食品企业定期自查食品安全状况，发现有发生食品安全事故潜在风险的，立刻停止生产经营并向监管部门报告。该制度的提出对于落实食品安全第一责任人、加强企业自身预防以及避免食品安全事故具有重要意义。2013 年，全聚德三元金星食品有限责任公司在原有自检自查的基础上建立起目标管理及工作管理考核制度，并不断完善《SSOP》《GMP》《管理手册》和《食品安全程序文件》等基础性文件，使生产更加有法可依。同时，增加车间的过程品控人员，强化对生产现场实时监督控制，落实定期上报巡检情况。生产、质量品控部门还建立起联合监督检查制度，定期对车间现场、人员卫生、操作工序、产品质量、食品安全等进行全方位的检查。为确保出厂产品的质量和安全，该公司对出厂产品采取严格的出厂检验制度，对每批次产品进行严格的出厂抽样检测，发现异常禁止出货，确保出厂产品合格率 100%。例如，三元乳液的每一滴原料奶都要经过至少 28 项指标的检验，包括初检和复检两关，车间现场管理人员还应按照自查规定对每批产品进行取样与感官监测，并品尝。

四、食品安全责任保险制度

目前，我国属于强制保险的仅有"交强险"，食品安全责任险都是企业以"自愿投保"的形式存在，虽然保费不高，但是投保率很低，据不完全统计，投保率尚不足 1%。2013 年《中华人民共和国食品安全法（修订草案送审稿）》提出要实施食品安全责任强制保险制度，近年来各界对于食品安全责任强制保险制度的呼声越来越高。国务院办公厅关于印发《2014 年食品安全重点工作安排的通知》指出，要研究建立食品安全责任强制保险制度，制定出台关于开展食品安全责任强制保险试点工作的指导意见。以此为契机，2014 年年底，中国保监会草拟了《关于开展食品安全责任强制保险试点工作的指导意见（征求意见稿）》（以下简称《征求意见稿》），开始在保险业内部征求意见。根据《征求意见稿》，食品安全责任险拟在群众反映强烈的、高风险的重点行业、重点领域首先开展食品安全责任强制保险试点。主要包括四个方面：一是食品安全事故高发领域，如食品生产加工环节（婴幼儿配方乳粉、液态奶、肉制品、食品添加剂）和餐饮环节（学校食堂、单位食堂、集体用餐配送单位、餐饮服务连锁快餐企业）；二是地方已开展试点的企业，地方性法规、地方人民政府制定的规章或者规范性文件规定应当投保食品安全责任险的企业；三是地方特色食品产业，即当地特有的、属于食品安全事故高发需纳入强制试点的行业和领域，应投保食品安全责任保险；四是风险等级较高的行业，鼓励一些风险较高的企业投保食品安全责任保险，如酒类、软饮料、食用油、糕点行业及超市、饭店、中央厨房、农村集体餐饮等领域。2014 年 12 月 10 日，长沙市正式启动食品安全责任强制保险试点，38 家试点企业（学校）正式投保。企业因疏忽或过失等原因造成消费者人身或财产损失，以及有法院判决依据的精神损失费都可以获得赔偿。此外，从 2014 年 6 月开始，四川、浙江、上海、重庆等省市也纷纷开展食品安全责任险试点工作，以参保责任保险为契机，增强食品生产经营企业的主体责任意识。

五、问题与成因

应当说，通过上述举措，近年来我国食品企业的安全意识和管理水平有了明显提升。但毋庸讳言，我国食品企业自律状况在整体上仍不容乐观。具体来说，我国食品生产经营企业数量庞大，中小企业、手工作坊、小摊贩占绝大多数，企业结构整体发展不平衡，市场化、现代化程度不高。中小企业（包括小作坊、小摊贩）受制于生产经营规模和生产加工条件等客观因素影响，自律能力和自律意识都比较低。大型企业由于现代管理方法手段不够科学、企业责任意识整体不强、社会监督诚信体系缺位等原因，也存在大量不自律现象。尽管2014年全国食品企业检查统计结果尚未公布，但上述情况能够从一些地方的数据中得到印证。例如，2014年10月，福建、安徽两省食品监管部门的抽查数据显示，在福建抽查的113家食品企业中，问题食品企业有78家，不合格率达69%；其中13家企业问题比较严重（6家生产企业、2家经营企业、5家餐饮服务企业），65家企业存在一般性问题（19家生产企业、25家流通企业、31家餐饮服务企业）。① 在安徽抽查的18家食品生产企业中，问题生产企业13家，不合格率达72%，其中小作坊食品生产企业居多。②

应当说，目前我国食品企业自律性不强有着多方面的成因。（1）从经济层面看，企业作为最重要的市场主体之一，其发展程度往往与本国市场经济发展程度一致。我国食品企业还处于初级发展阶段，其独立性和自律性有待于随着经济体制改革的深入而逐渐得到培育。同时，我国大部分企业都处于升级转型重要时期，现代企业制度在我国发展还不够完善。这些深层次经济因素反映在食品企业领域，表现为企业规模化、集约化程度不高，大量食品企业处于规模小、分布散的初级企业形态，小作坊、小摊贩随处可见。这些在数量上占据绝对优势的企业（或企业雏形）限于经济能力与生产加工条件，企业自身质量安全管理水平较低。以中小企业为主要形

① "福建省食药监局暗访突查发现78家问题食品企业"，载《中国食品安全报》，http：//www. 21food. cn/html/news/2601/2094498. htm，访问时间：2014年12月2日。
② "安徽公布10月食品企业抽查信息：小作坊问题多"，载中国质量新闻网，http：//www. 21food. cn/html/news/2601/2094498. htm，访问时间：2014年11月10日。

式的食品产业结构严重制约食品企业自律能力的提升，这已成为影响我国食品企业自律的最大制约因素。（2）从企业自身方面看，我国许多食品企业对"企业价值"缺乏认识，欠缺"企业社会责任"观念。① 大多数食品企业生产经营者当前仍将"获取利润"作为唯一的价值追求，这与现代企业价值是相背离的。（3）从社会层面看，企业自律受内在动因和外在环境的双重影响。我国食品企业自律外部环境的支持力度有待进一步提高。例如，对小型食品企业、小摊贩、小作坊而言，政府指导、支持力度明显不足；对于大中型食品企业而言，缺乏统一遵循的食品生产加工标准，企业认证工作相对迟缓。全社会诚信环境还有待改善，信息不对称的负外部性效应仍在发挥副作用，等等。（4）从政企关系方面看，当前，我国政企关系还没有彻底理顺，政府插手资源配置等体制性、结构性问题还没有根本解决，"特权企业"现象不同程度存在，甚至垄断着国家重要资源，严重破坏了公平有序的市场竞争环境，制约企业自律机制的形成。在食品领域内，由"权力寻租"导致的"政企联姻"和"国有企业独大"等现象同样存在。

第二节 食品安全治理中的行业自治

食品行业协会（联合会）是宏观管理与微观管理的中间层次，在整个社会经济管理活动中具有不可缺少的地位。《食品安全法》明确规定，食品行业协会应当加强行业自律，引导食品生产经营者依

---

① 据中国社会科学院企业社会责任研究中心编著的《中国企业社会责任研究报告（2014）》系统评价数据显示，食品饮料、医药等 6 个行业的社会责任发展指数只处于起步阶段。

法生产经营，推动行业诚信建设，宣传、普及食品安全知识。可见，强化食品行业协会自治有利于协调行业内部、行业之间以及行业同政府等方面的关系，促进合作和有序竞争，维护国家、行业和企业的合法权益，为食品行业发展创造良好环境。

近年来，我国食品行业处于蓬勃发展之中，2012 年我国规模以上食品工业企业 33 692 家，占同期全部工业企业的 10.1%；从业人员 707.04 万人，比上年新增 39.70 万人。完成现价食品工业总产值 89 551.84 亿元，同比增长 21.7%。分行业看，农副食品加工业实现现价工业总产值 52 369.00 亿元，食品制造业完成 15 859.57 亿元，酒、饮料和精制茶制造业完成 13 540.69 亿元，烟草制品业完成 7 782.59 亿元，同比分别 + 23.4%、+ 21.0%、+ 20.1%、+ 15.6%（见表 4）。①

表 4　2012 年全国食品工业产值　　　　单位：亿元

	一季度	二季度	三季度	四季度
食品工业总计	20 227.37	21 239.63	22 926.33	25 158.51
农副食品工业	11 288.27	12 551.99	13 330.96	15 197.78
食品制造业	3 505.22	3 781.13	4 073.75	4 499.47
酒、饮料和精制茶制造业	3 075.78	3 278.13	3 462.56	3 724.22
烟草制品业	2 358.11	1 628.39	2 059.06	1 737.03

2013 年第一季度规模以上食品工业企业增加值同比增长 9.5%。规模以上食品工业企业 35 084 家；完成主营业务收入 22 842.7 亿元，同比增长 16.5%，占规模以上工业的 10.3%。其中，农副食品加工业完成主营业务收入 12 643.5 亿元，食品制造业完成 4 063.3 亿元，酒、饮料和精制茶制造业完成 3 524.7 亿元，烟草制品业完成

---

①　数据源自"2012 年食品工业经济运行综述和 2013 年一季度情况及展望"，载中国贸易救济信息网，http：//www.cacs.gov.cn/cacs/newcommon/details.aspx? articleid = 113486，访问时间：2015 年 3 月 11 日。

2 611.2 亿元，同比分别增长 17.4%、18.3%、15.2%、11.2%。食品市场产销两旺，主要食品供需平衡（见表5）。①

表5 2013 年一季度食品工业主要经济指标

	主营业务收入（亿元）	同比增长（%）	利润总额（亿元）	同比增长（%）
食品工业总计	22 842.7	16.5	1 704.8	17.0
农副食品加工业	12 643.5	17.4	555.8	9.9
食品制造业	4 063.3	18.3	329.3	28.4
烟、饮料和精制茶制造业	3 524.7	15.2	394.1	17.7
烟草制品业	2 611.2	11.2	425.6	18.4

近两年数据表明，我国食品工业发展事态良好，宏观经济环境积极转好，完善消费政策、提高居民消费能力等宏观调控政策有利于拉动食品消费需求持续增长，激发行业发展的内生动力。在这种局势下，食品行业协会更应发挥其桥梁纽带作用，通过各种行规行约来约束本协会内的企业，鼓励企业依法经营、诚实守信、保障食品安全。同时，通过协调协会内部企业的关系来防止恶性竞争，以保证本行业的整体利益和长期发展。

一、制定行业内部规章制度

近年来，我国食品工业协会（以下简称食协）也逐渐开始注重发挥行业组织的自律协调作用。在工信部的支持下，中国食协作为食品工业企业诚信体系部门联席会议成员，起草了《食品工业企业诚信管理体系评价机构工作规则（试行）》和《食品工业企业

---

① 数据源自"2012 年食品工业经济运行综述和 2013 年一季度情况及展望"，载中国贸易救济信息网，http://www.cacs.gov.cn/cacs/newcommon/details.aspx? articleid = 113486，访问时间：2015 年 3 月 11 日。

诚信管理体系评价工作程序（试行）》；参与了乳制品、肉类、葡萄酒、调味品、罐头、饮料等行业的《食品工业企业诚信管理体系（CMS）建立及实施通用要求实施指南》编写；颁布实施了《纯粮固态发酵白酒行业规范》和《葡萄酒 A 级产品管理规定》，在相关行业开展白酒纯粮固态标志和葡萄酒 A 级产品标志认证，推动企业继承和发展传统酿造技艺和学习发达国家先进工艺技术，为提高产品质量和保障食品安全发挥了积极作用。此外，中国食协还相继支持和鼓励成立了包括啤酒、白酒、豆制品、糖果制品、花卉食品、乳制品在内的 14 个专门食品委员会，以及全国各省市食品工业协会。此外，中国食协还制定了多项行业技术规则，开展糖果工艺师、坚果炒货工艺师等培训考核，选拔行业技术人才，提高企业生产经营水平，规范产品质量和食品安全管理措施。据中国质量协会、全国用户委员会 2014 年 8 月 28 日发布的全国液态奶消费者满意度测评结果显示，液态奶行业消费者满意度得分为 75.9 分，比去年微升 0.5 分，同时，消费者对食品行业自治信心首次出现提升。

二、规范行业内部治理结构

在中观管理中，行业组织要找准定位、把准方向，在市场经济的调节下，行业组织本身要机制健全、管理科学、自律严格、公平公信。例如，广东省食品行业协会对下属专业分会（委员会）的管理规定，国家机关工作人员不得兼职行业协会的工作；所有行业协会应当明确会员大会、理事会、会长、秘书长的权利与职责，理事会成员严格按照民主程序选举产生；分会（委员会）的理事长（主任）一般聘请该行业或该专业的专家、教授担任，由该行业的龙头企业总经理兼常务副理事长和秘书长，并将办事机构设在该龙头企业内，日常工作由该企业派人负责；要严格按照行业协会章程办事，建立以章程为核心的选举制度、议事制度、财务制度、人事管理制度和重大事项报告制度等内部管理制度，形成民主选举、民主决策、民主管理、民主监督、独立自主、规范有序的运行机制。围绕规范市场秩序，健全各项自律制度，制定并组织实施行业道德规范准则，大力推进诚信建设等，使行业组织的建设有法可依、有规可循。要不断提高行业协会领导和专职人员的自身素质，建设一支懂专业、高素质的职业管理队伍。形成一支有公信力的、执法严明的行业管理队伍，引导企业走向健康发展的道路。同时通过自身的努力，为企业做好服务，为本行业的各个方面做好服务，拓展自己的生存和发展空间。

三、建立行业内部奖惩机制

奖惩机制是多种激励或惩罚手段并使之规范化和相对固定化，而与激励或惩罚客体相互作用、相互制约的结构、方式、关系及演变规律的总和。近几年各省食品行业协会通过各种形式将行业内部奖惩机制得以落实，在规范行业行为方向起到积极作用。广东省制定《广东省食品行业协会行业自律管理奖惩办法》，通过表扬（批评）、授予荣誉称号（取消会员资格）、向政府部门或国家级行业协会推荐记功、表彰（向政府行政执法部门建议停业整顿、吊销证照等或移交政府司法部门处理）等方式奖惩，其还特别规定行业自律评价奖励项目，加强全省食品行业自律管理。

四、食品行业自治体系架构目标

食品行业进行自律活动，从企业的角度来讲，是为了保护所有企业的共同利益，从而保证食品行业的有序发展；从消费者角度来讲则是为了保证食品消费安全，最终保护消费者的人身健康安全及财产安全。同时，行业自律的构建属于企业道德观以及诚信的建设，行业自律有助于形成一种消费安全经营文化、监管文化和消费文化。综上所述，食品行业的自律构建框架如图 5 所示。

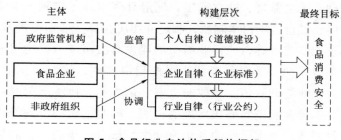

图5 食品行业自治体系架构框架

第三节 食品安全治理中的公众参与

公众参与是社会公共事务应对理念从国家管理向社会治理转变的回应，又是社会治理从一元向多元转变的回应。概括起来，公众参与食品安全治理可以发挥如下四个方面的社会作用：其一，公众参与可以弥补政府管理失灵的缺陷。公众是食品的直接消费者和食品安全的受益者，对于食品安全治理常会表现出特殊的积极性。在公众的积极参与下，政府对于食品安全违规事件的处理会更有行政效率和社会基础，由此扩大政府监管的范围和成效。其二，公众作为社会主体的一部分，参与到食品安全治理中，有利于实现政府职能转型，推进全能型政府向有限政府转变，增强行政管理的民主性和管理主体的多样性，由此提升社会自治水平。其三，作为食品安全的直接受益者和相关者，公众的积极参与，还可减少食品安全监管的行政成本。其四，公众参与可以积累经验和智慧，推动相关法律法规的出台和完善，有助于加强食品安全法治建设。

一、食品安全治理公众参与的法律规定

在法治社会建设进程中，公民作为建设主体具有知情权、参与权、表达权和监督权，这是具有宪法依据的。《中华人民共和国宪法》（以下简称《宪法》）第 2 条第 3 款规定："人民依照法律规定，通过各种途径和形式，管理国家事务，管理经济和文化事业，管理社会事务。"可见，《宪法》赋予公民对于"两事务、两事业"进行管理的宪法权利，再结合宪法和其他法律规范，显然可以将此概括为公民的知情权、参与权、表达权和监督权，而这也是公众参与食品安全治理的权利来源和基本类型。

此外，一些法律文本和行政规范性文件对于公众参与行政管理和社会管理工作，包括食品安全治理工作的权利，也作出了明确规定。例如，《食品安全法》第 10 条明确规定："任何组织或者个人有权举报食品生产经营中违反本法的行为，有权向有关部门了解食品安全信息，对食品安全监督管理工作提出意见和建议。"2010 年国务院颁布的《关于加强法治政府建设的意见》提出："要把公众参与、专家论证、风险评估、合法性审查和集体讨论决定作为重大决策的必经程序。"2012 年颁布的《国务院关于加强食品安全工作的决定》也指出：动员全社会广泛参与食品安全工作，大力推行食品安全有奖举报，畅通投诉举报渠道，充分调动人民群众参与食品安全治理的积极性、主动性，组织动员社会各方力量参与食品安全工作，形成强大的社会合力，还应充分发挥新闻媒体、消费者协会、食品相关行业协会、农民专业合作经济组织的作用，引导和约束食品生产经营者诚信经营。2012 年国家食品药品监督管理局发布的《加强和创新餐饮服务食品安全社会监督指导意见》提出：动员基层群众性自治组织参与餐饮服务食品安全社会监督，鼓励社会团体和社会各界人士依法参与餐饮服务食品安全社会监督，支持新闻媒体参与餐饮服务食品安全社会监督，为社会各界参与餐饮服务食品安

全社会监督提供有力的保障。

二、互联网时代食品安全治理的公众参与

互联网技术的发展不仅给民众的生活带来了便利，同时也为公众参与食品安全治理提供了更加多样化的渠道，这包括进入政府门户网站的参与方式。企业建立门户网站定期公布自己的食品安全信息供公众查询，公众也可以在政府门户网站上进行举报、监督或在企业门户网站上对食品安全问题提出自己的建议，通过建立相关的食品安全论坛来披露和讨论食品安全问题，通过网络与食品企业负责人或食品安全部门官员进行互动对话，缓和食品安全突发事件中公众与企业或政府之间的张力。

从近些年情况来看，互联网技术的迅速发展为公众参与食品安全治理提供了支持和保障。其一，通过互联网可以使得食品安全信息更具透明性，知情权更有保障。互联网面对突发事件（如三鹿奶粉事件、福喜原料事件）之际，与传统媒体可能会因受到某些限制而不能及时全面地报道事件真相不同，它成为非常好的信息源和传播渠道，有助于打破政府垄断信息的局面。互联网上的话题，网民们可以通过跟帖发表意见、参加讨论、增强互动。因此，在政府信息公开过程中，热点事件易于快速形成舆论热点，舆论热点讨论可以帮助政府及时、准确地把握并解决好食品安全监管和服务工作，最终促成有关法律法规的出台和完善。

其二，通过互联网可以建立起一种比较完备的交互式网络信息处理和传播机制。也即在信息发布者和信息接受者之间建立起即时的反馈和沟通渠道，这可从根本上改变政治传播的运行方式，使得传统政治体制下信息自上而下的单向流动信息渠道得以双向畅通，提高行政透明度。在众多有影响力的群体性事件中，互联网能够成为汇聚民意的公共空间（"网络民意"成为当代社会不容忽视的社

会力量）。例如"三鹿奶粉事件"就是通过网络把民意汇聚起来，形成公众舆论并传递到政府高层，在政府高层推动下解决问题，体现了网络的民主舆情力量。

其三，通过互联网可以增加公民参与食品安全治理的热情、方式和成效，提高行政管理和社会管理的民主程度。公民使用自己的民主权利来实现自身的利益是民主内容的具体体现，互联网络通过新的技术平台改变传统的民主参与手段，能够提高公民参与民主的积极性及有效性，那些使用电子邮件和聊天室的人更愿意参加各种民主活动。这表现在：一是扩大民主参与主体的范围。过去，公民参与民主活动需要亲临实地，而且很多时候无法集合所有民众到场实行民主决策、投票选举等活动。与传统的民主参与手段相比，公民利用网络参与民主活动，无论是经济成本、政治风险还是机会成本的代价都大大降低。如果发生食品安全重大事件，广大网民可以便利地通过键盘和鼠标在网络上参与讨论，通过网络论坛建言献策，互联网正在成为公民行使知情权、参与权、表达权和监督权的重要渠道。二是创造新的民主参与模式。传统的民主参与都是以自动、动员、消极这三种模式来进行。而在网络世界里的民主参与模式是自动、自愿、自发性的，参与者易于产生管理主体的感觉，提高民主参与的兴趣。网络社区不断给予他们资料和信息，不断赋予他们责任感和使命感，促使他们积极参与民主管理，自觉推动民主发展。三是扩大民主参与渠道和效果。传统的民主参与方式主要是举手投票、选举代表等。网络技术下的民主参与模式是以电子投票、电子民意测验等新型选举方式来进行，最初作为平民沟通和娱乐工具的微博也发挥出越来越显著的民主功效。网络提供了可让公民自由表达的空间，任何时间、地点、公民都可以发表意见、表达诉求，开辟出更便利、更丰富的民主接触渠道。民主参与食品安全的发展不仅体现在数量上，也体现在品质上即有效性上。

三、食品安全治理公众参与的完善路径

（一）建立健全高效的食品安全信息系统

政府机关必须建立有效的食品安全信息传导机制，以此作为食品安全治理的重要手段，定期发布食品生产、流通全过程中市场检测等信息，为消费者和生产者服务，使消费者了解关于食品安全性的真实情况，减少由于信息不对称而出现的食品不安全因素，增强自我保护意识和能力。同时提供平台，帮助消费者参与改善食品安全性的控制管理。食品生产者、经营者和管理部门应重视食品安全动态的信息反馈，及时改进管理，提高社会责任感和应变能力。还要强化对大众媒体的管理，将食品报道、食品广告和食品标识纳入严格的法治轨道。各种媒体应以客观准确科学的食品信息服务于社会，维护社会安定，推动社会进步，不得炒作新闻制造轰动以牟取利益，以免加重消费者对食品安全的恐慌心理。

（二）完善食品安全和监管信息公开制度

信息公开是公众参与取得实效的基础条件，信息开放的程度和方式直接影响着公众参与的兴趣和效果。政府如果不能为公众提供充分的信息，或者公众缺乏畅通的信息获取渠道，那么公众参与食品安全治理的成效就会大打折扣。因此，很多国家为了保障公众参与食品安全监管，在判例和成文法中都明确了信息公开的内容。例如，美国《行政程序法》中规定，公众有权知晓、辩论甚至提议与食品安全相关的法律法规内容；而《自由信息法》则采取否定列举式立法，规定不在列表范围内的食品安全相关信息必须公开。

我国的实际情况表明，没有公众参与的食品安全监管是艰难、低效的，要实现对食品的安全有效监管必须要发动广大群众的积极

参与。食品安全监管信息主要有三个来源：一是政府监管机构信息，主要是食品安全监管部门的基础监管信息；二是食品生产行业信息，包括行业协会的评价等；三是社会信息，包括媒体舆论监督信息、认证机构的认证信息、消费者的投诉情况等。这些信息的来源应当具有真实性和全面性，政府各监管部门有责任及时向社会公开相关的食品安全政策法规。要想发动群众，首先要做的就是让公众知道食品安全和监管信息，要让公众有全面的了解。

（三）采行便捷的食品安全监管举报方式

烦琐的举报程序或者模糊不清的举报渠道，也是阻碍公众参与食品安全治理的原因之一。在信息技术高速发展的今天，人们可以通过多种方式进行信息交流。在这方面，上海的食品安全信息员制度实践提供了有价值的经验。例如，上海青浦区在村（居）委会及乡村医生中聘请食品安全信息员，进行食品经营信息收集和食品安全知识宣传与指导，此做法在食品安全宣传进社区、进农村以及食品相关信息掌握和食品安全操作指导中发挥了重要作用。青浦区共有 264 家村（居）委会，由定点联络监督员负责每月 1 次联系、每季 1 次见面、每年 1 次服务，进行日常信息的收集、处理与反馈，投入力量很少，工作内容丰富。在农村家庭办酒备案与指导方面，该区一年中，由有关机构上门指导家庭办酒 169 户，涉及 12 034 人，其中绝大部分是由食品安全信息员进行的摸底和指导。聘请食品安全信息员也畅通了信息渠道、提高了信息质量，由信息员提供的违法经营信息属实率达到 100%，远远超过一般投诉举报 60.4% 的属实率。[①]

---

① 上海市工商局："引入社会力量提高食品安全监管效能的模式研究"，载《上海食品药品监管情报研究》2010 年第 6 期；孔超、李洋："试论我国食品安全监管的公众参与制度建设"，载《科技与企业》2011 年第 10 期。

（四）健全公众参与食品监管的激励机制

公众参与食品安全监管是一种值得肯定和赞扬的行为，理应得到全社会的尊重和推崇。让公众看到参与食品安全治理带来的实际效果，而且这种效果与公众的心理预期一致，公众就会产生参与积极性，这是一种激励机制。让公众更有积极性地参与食品安全治理，国家应出台法律法规，并根据查处的实际情况对公众予以适当奖励。

（五）建立食品安全争议的公益诉讼制度

食品安全的公益诉讼，因其提出诉讼理由的公益性，能最大限度地激励公众与食品安全违法行为作斗争。国外已有很多这方面的制度，如消费者团体诉讼制度和居民诉讼制度等，都允许公众对食品安全违法行为提起公益诉讼；不管一种食品安全违法行为是对自己有损害还是自己并没有直接受到损害，国家对胜诉的原告都给予一定奖励。我国也可以尝试建立这样的制度，从而增加食品安全法在诉讼上的可操作性，更好地维护食品安全。[①]

第四节 政策建议

一、强化食品企业自律制度建设

食品安全不仅关系到消费者的身体健康，也体现了企业社会责任的重要内容。企业品牌一半是质量，一半是诚信，只有从源头上

---

① 段海峰："建立食品安全监管公众参与制度"，载《人民日报》2013 年 8 月 9 日第 7 版。

把好食品安全关，从产品研发开始，对原材料的采购、加工、生产、运输等全过程进行质量监控，才能切实做好对每一件产品负责。这就要求企业对社会和公众负责，落实企业主体责任，提高企业自律意识。

传统国家的食品安全监管多强调以"警察介入"为主体的外部行政规制，而现代国家更强调食品安全的企业"内部规制"，强调企业的社会责任和作为食品安全的第一责任人。《国家食品安全监管体系"十二五"规划》和《国务院关于加强食品安全工作的决定》明确提出，要坚持加强政府监管与落实企业主体责任相结合，提升企业诚信守法水平，夯实食品安全基础。2005年修订《中华人民共和国公司法》（以下简称《公司法》）时首先提出了社会责任这一概念，从法律角度确立了公司作为社会责任主体的地位。2009年颁布实施的《食品安全法》第3条也明确规定，食品生产经营企业应当依照法律、法规和食品安全标准从事生产经营活动，对社会和公众负责，保证食品安全，接受社会监督，承担社会责任。而通过构建企业内部良好的制度建设和质量体系管理，可以为企业实现对食品的社会责任创造良好条件。

不同国家和地区的食品企业自律侧重点略有不同，但总体来说主要集中于三方面：（1）质量管理体系。欧盟《基本食品法》明确食品或饲料从业者对食品或饲料安全应承担主要责任制度。企业应当严格按照危害分析与关键控制点制度（HACCP）、食品与饲料快速预警系统（RASFF）、可追溯制度、食品或饲料从业者承担责任制度、风险分析制度、风险预防制度等来实施应承担的安全责任，保证产品安全。日本企业利用 HACCP、GAP、ISO9000、ISO22000、食品溯源制度等食品安全管理制度来加强对消费者的食品安全责任承担。在这套严格有序的制度下，企业基本都能严格自律。借助这些制度，日本政府逐渐退居幕后，主要负责制定规则、引导和监督，企业则走到了食品安全质量管理的前台，成为了食品安全管理的主角。

（2）企业信息披露制度。在欧盟和日本，所有食品必须持有"身份证"，消费者可以通过电脑和手机查询食品相关信息。（3）产品召回制度。欧盟、日本、美国都设立缺陷召回制度，对受害的消费者给予及时救济，促使企业承担应尽的社会责任。

我国食品企业自治意识和相关制度仍需进一步完善：

推行企业标准化管理，保障消费者的安全权。我国食品企业应主动更新技术，自觉采用危害分析与关键控制点制度（HACCP）、GMP（良好操作规程）、良好农业规范（GAP）、ISO9000、ISO22000（国际标准化认证）、食品可追溯与召回制度、风险分析制度等国际通用标准制度和程序来推行企业食品的标准化和质量自主性管理，承担应尽的安全责任。

按照《关于依法规范食品加工企业的指导意见》要求，建立进货查验记录制度。保持企业实际生产食品的场所、范围等与食品生产许可证书内容一致，建立进货查验记录制度，向供货者索取许可证复印件以及和购进批次产品相适应的合格证明文件，依照食品安全标准及有关规定自行检验并保存检验记录，建立严格的生产过程控制制度，定期对厂区内环境、生产场所和设施清洁卫生状况自查，并保存自查记录。建立出厂检验记录制度和销售台账制度，对不安全食品，企业应当实行召回制度。同时企业应当将保护环境作为一项基本社会义务，不断提高环境守法能力和水平。国家应当尽快出台统一食品安全标准，对符合标准的企业及时给予认证。加强企业奖惩机制，采取诸如"企业红黑名单"机制调动企业积极性，引导企业善良经营，鼓励企业自律。加强对企业监督管理，对违法企业坚决追究责任，实行重罚，彻底纠正错误行为。

加大企业信息披露制度，保障消费者的知情权和选择权。我国应继续扩大企业信息披露范围，保证消费者在保证最大限度知情的基础上选择、辨别商品，增强自我保护的能力。同时，完善食品安全的信息完整标识和追溯制度，建立食品信息的"身份证"制度，使消费者能借助手机或网络平台随时查询食品信息。

完善缺陷产品召回制度，保障消费者的损害得以赔偿。我国应建立食品召回委员会专门监督企业召回的执行，完善召回的程序。同时，应加大企业诚信评价体系建设，加强企业主动召回意识和奖励机制。而食品责任保险制度的设立和食品溯源制度等配套设施的完善，也必将更好地保障产品召回制度的实施。

加快信用体系的建设，提高企业自律的公信力。我国诚信方面的法律法规目前还十分薄弱，既要加快诚信方面的立法进度，也要积极建立并培育权威性的信用评级公司，引入科学的评级理念及先进的评级技术，对所有注册的食品企业进行信用评级，并且建立与信用评级相关联的失信惩戒机制，加大企业的失信成本，使企业自觉约束自身的经营活动，以达到行业自律的要求。

加强政府指导，通过积极政策引导小型企业、小作坊、小摊贩向企业集约化方向发展则能使问题得到缓解。政府应当通过提供必要的政策扶持、资金设备、技术等方面支持，加快推广地方引导小型食品企业进入产业园集中发展的先进经验，促进小型企业转型升级，为提高自律能力和水平创造条件。这样可以使这些分散的治理"重点"得到一定程度的集中治理与监管，同时，企业在集约化过程中，也能不断提高素养，提高自律意识，成长为具有竞争力的企业。

加强企业发展的外部环境建设，形成"守法光荣、违法可耻"的正确导向，形成"以政府监管为主导"的食品安全"社会共治"机制，加强以"诚信"为核心的社会道德体系建设是提高企业自律的外部必要条件。国家应加快社会诚信体系建设，为企业发展创造公平的竞争平台，突出建立食品企业信用档案制度，建设食品安全风险交流平台，全社会应以法治思维对待企业自律问题、以基本道德准则衡量企业的品格，对于不符合食品安全条件的企业坚决取缔。国家应尽快厘清政府与市场的边界，切实研究国有企业改革出路，解决产权人缺位等重大理论、实践问题，充分借鉴国外国有企业有效管理的先进经验和做法，实现政企分离，促进包括国有企业在内的企业独立自主发展，鼓励企业依靠自身实力提高竞争力，促进企业自律性和自觉性的生成。

加强食品企业自律，既可以通过激发企业热情、提高企业认识，促使其自觉形成，又可以通过创造公平诚信的外部环境予以支持。既可以通过加强监管力度和责任追究力度外部施压，又可以通过典型示范作用加以引导。在当前我国食品企业自律性整体有待加强的情况下，政府应加强对食品领域的"好企业"宣传，通过示范效应加强对食品企业自律方法的引导，以达到事半功倍的效果。

二、优化食品企业行业自治功能

我国食品行业自治仍然存在现实问题：（1）相关法律未明确规定食品行业协会的性质和地位。《食品安全法》《食品安全法实施细则》等多部法律没有对食品行业协会的性质、地位加以明确，从而导致食品行业协会的自律制度建设不规范。（2）自律职能不明确。《食品安全法》只是原则性地规定应加强食品行业协会的自律，但并未对自律的路径及未尽到自律职责的法律责任等加以规定。（3）协会内部管理不完善。协会内部管理较为松散，管理行为相对随意，对于协会活动的计划、会员间的协调，重要事务的决策等方面都缺乏规范化，从而妨碍协会自我监管职能的有效发挥。

明确食品行业协会的性质与地位，建立政府与行业协会的合作模式。行业协会的性质和地位是保证其具有独立性以及加强其自治的前提条件。目前，虽然行业协会对于经济秩序构建的地位和价值已得到理论界的充分认同，但由于在市场调节、国家干预与行业自治之间并不存在天然的划分界限，因此，必须通过法律法规的形式明确界定行业自治与国家干预的分界线作为前提条件，以防止出现权力的真空与冲突。通过制定专门针对行业协会的立法，明确规定包括食品行业协会在内的所有行业协会的性质和地位，由此才能改变行业协会过分依赖政府的现状。重构政府与行业协会之间的关系，不仅要政府放权，更需要行业协会提高自治能力，才是形成食品行业自治与政府监管的合作模式。

加强食品行业赞许职能，完善行业内部奖惩制度。行业赞许是指食品行业协会按照食品安全检测标准，对其成员进行考核评估，并对成就卓越者进行奖励，对不符合考核标准的成员予以惩戒的职能。为履行好这一职能必须完善食品行业协会的内部奖惩制度。由于我国法律法规规定的奖惩力度和食品行业内部的奖惩力度都较弱，形成了守法成本高、违法成本低的局面，直接影响了诚信企业和个人自律的积极性。因此，在现有奖惩制度的基础上，在法律法规允许的范围内，应进一步加大奖惩力度，对认真遵守食品行业制度表现优秀的企业和个人进行奖励，反之，则责令整改、经济制裁市场进入等。

加强食品行业协会的自身建设，完善自我管理与服务功能。首先，食品行业协会需要加强对会员能力素质的教育培养，一方面，要积极争取政府相关部门进行定期教育培训；另一方面，要形成内部的常态学习机制，通过教育培训加强协会成员的法制观念、掌握食品生产安全标准，树立维护食品安全的社会责任与职业道德。其次，食品行业协会应该努力拓宽筹资渠道，争取政府、其他社会团体、公益基金组织等对行业协会的经济支持。最后，食品行业协会应该健全和完善内部管理机构与制度。在机构设置上要遵循决策、执行、监督机构的独立，提高自我管理效能，加强协会内部的自我监督，完善协会的各项管理制度，使协会真正成为一个廉洁高效的自治组织。

培养法治型食品行业协会，提高自治积极性。首先，做好宣传鼓励工作，提高参与意识。做好食品行业协会和广大会员的宣传工作，让他们认识到自己在维护食品安全方面具有的重要作用和特别优势，另外，广大生产经营者参与到行业协会中，积极参与和配合行业协会的活动，行业协会通过有效的利益协调和分享机制，让会员体会到加入行业协会的好处，提高会员的参与意识。其次，做好职业道德教育工作，提高责任意识。食品行业协会加强自身职业道德教育，帮助会员转变落后的生产经营观念，改变法制观念欠缺的状态，树立维护食品安全的社会责任，从源头上来避免"问题食品"的产生。最后，做好观念转变工作，提高服务意识。食品行业协会作为食品生产经营者的利益代表，一方面，要树立为广大会员真诚服务的意识；另一方面，作为生产经营者与消费者沟通的媒介与桥梁，也要树立为广大消费者服务的意识，确实发挥好对本行业的自律监管作用。

三、建立健全食品安全公众参与机制

治理食品安全，需要有效的公众参与和社会监督，由此应当强化技术上的支持和法律上的保障。

建立科学的舆情监测系统，保障公众了解真实的食品安全状况的信息渠道。一个有效的社会监督，需要建立在对于真实情况的了解的基础之上。否则广大民众很容易被部分别有用心的人利用，从而发生类似于 2010 年大蒜疯涨事件、2011 年的抢盐风波之类的不理智行为。舆情监测系统的建立，涉及多个学科的知识和交叉，如新闻学、法学、社会学、统计学、计算机技术等，因此，协同创新就变得必不可少。

强化食品安全相关信息的公开。信息公开是公众参与取得实效的基础条件。国家应建立涉及食品安全各环节的信息公开制度，这是最有效的一种监管方式。首先，将食品生产环节中的原料来源、生产环境、生产日期，注意事项等重要信息向社会予以公布；其次，将食品安全监管部门，以及辖区内食品安全监管机构信息向社会公开，实行阳光行政，接受公众监督；再次，将食品安全标准向社会予以公布，让公众能够很方便地获得判断依据，并可以作为向政府监管部门通报情况的准则；最后，适应电子时代的要求实行便民、及时、灵活的申请方式，公民向食品安全监管部门申请公开食品安全信息的，可采用信函、电报、传真、电子邮件等形式提出申请。①

采行便捷的食品安全监管举报方式。食品安全监管的举报模式应该多样化，多采用现代信息技术手段等多元化的信息传递方式（如各种微信、微博），可以通过互联网、手机短信等方式向食品安全监管部门反映情况。因此，作为政府监管部门应该积极探索多样化的食品安全监管方式，构筑食品安全监管网络，延伸安全监管触角，把公众监督作为食品监管的最强大后盾。通过聘请热心社会公益、社会威望高、责任心强的公众代表作为食品安全信息员，对他们进行统一培训，由他们收集和反映消费者对食品安全监管的意见，促使食品安全监管部门能够随时发现、及时处理各类食品安全问题。

健全公众参与食品监管的权益保护机制。加强食品安全监管的举措，将食品生产和销售中的不法分子绳之于法，可能会损害违法者的"利益"，也就可能导致违法者的不满或者报复。从既往查处的食品安全事件来看，确有相当一部分是由公众举报，才引起监管部门予以关注和查处的，因此建立对举报者的法律保护和奖励制度十分必要。这就需要国家出台有关法律法规，对举报者和证人加以有效保护，这有利于保护公众参与食品安全治理的积极性。

强化公众参与食品安全治理的救济。为保护公众的参与积极性，需要设立食品安全监管的救济制度。例如，在公众参与食品安全监管的过程中遇到困难和问题的时候，政府监管部门要通过咨询信息网络进行帮助和解答。公众参与是宪法赋予我国人民的一项权力，应当得到应有的尊重和保护。一旦公众的参与权受到阻碍或侵害，应有相应制度提供救济。例如，如果立法上规定了公众参与行政决策，但实际上未能让其参与行政决策，则该项行政决策不得进入当

---

① 汤金宝："我国食品安全管制中公众参与问题研究"，南京航空航天大学 2010 年硕士学位论文，张琦："我国食品安全多元主体治理模式研究"，山东师范大学 2014 年硕士学位论文。

地政府机关的行政决策议事程序；如果公众对该项违反公众参与决策程序有异议的，提出后则由相应的机构进行处理。还可尝试在政府机构内设立专门人员，解决公众参与的投诉问题，对违反公众参与食品安全治理有关规定的事项进行干预和处置，并将结果向社会公布，以实现对公众参与权利的救济和对行使行政权力的监督，从而改善政府机关形象，提升行政法治水平。

四、完善社会参与食品安全治理的法律体系

食品安全问题，已经是关系到我国未来发展的战略性问题，而解决食品安全问题，不能单单依靠政府，也要充分发挥社会大众的作用，调动广大民众参与食品安全治理的积极性。而想要发挥社会公众参与食品安全治理的积极性，就必须要提供法律保障。

完善惩罚性赔偿制度。我国现行的《食品安全法》确立了食品安全责任的 10 倍赔偿规则（惩罚性赔偿）。该条规定的立法目的无疑是加重了生产者和经营者的责任，体现了食品安全领域加大惩罚力度和保护力度的立法政策。但是我们必须注意到该条运用的局限性。该条确立的 10 倍赔偿规则，10 倍的参照物是食品的价款而非实际的损害。但众所周知，食品安全事故的通常情况是，食品本身的价格并不会特别昂贵，但是造成的损害却远远超过食品本身的价格。因此，以食品的价款本身作为参照物进行 10 倍赔偿，实际意义并不大，惩罚性很难体现，很难调动广大民众参与食品安全治理的积极性。甚至在大多数情况下，现行《食品安全法》对食品安全事故的惩罚性赔偿力度还比不上新《消费者权益保护法》确立的"双倍损害赔偿"标准。因此，修订中的《食品安全法》对惩罚性赔偿应确立更适当的标准。

完善食品安全侵权中的因果关系理论。我国目前对于因果关系的研究主要集中于法律因果关系（相当性）的判断上，而对于事实因果关系往往将其归结为条件关系的判断，而未作展开。但是在食品安全卫生侵权等领域，因果关系发生问题的地方却往往是在事实

因果关系的判断上。即在条件关系的链条上，往往出现侵害主体不明确、侵害过程不明确、侵害客体不明确等种种难题。对于这些问题，我国目前的研究尚显初步。因此，有必要借鉴比较法资源，如日本法上的疫学因果关系理论完善我国的制度。疫学因果关系，就是以流行病学、统计学、数学中的概率论等作为基础的。由此可见，多学科协同研究在这一问题解决中的重要性。

完善公益诉讼和群体诉讼制度。在食品安全卫生事故等大规模侵权事件中，公益诉讼和集体诉讼制度具有诸多优势。为了让这些制度能够得到充分地、正当地运用：一方面，应该从体制上根除阻碍制度顺利运行的各种因素，如重新确立法官的绩效考核制度，避免其为了考核成绩故意拆分诉讼等；另一方面，制定具体规则，对现有制度进行细化，使该制度的可操作性增强、效率性提高。

第四章　食品安全环境治理状况

　　由于农产品中的化学元素与生产环境关系密切，因此，良好的生产环境是食品安全的基本保证。污染物通过水体、土壤等介质迁移、富集到农产品，成为危及食品安全的源头。环境污染对人类健康最突出的影响表现在由环境污染引起的食品污染，环境治理的本质是保障人民的健康，而食品安全是其中重要的一环。加强环境治理，尤其是与食品生产基地相关的污染治理，将阻断有毒有害化学物质进入食物链，从而保证食品安全，保障人民健康。

　　食品作为环境中物质、能量交换的产物，从原料的种植、生产、加工、贮存、运输、流通到消费，各个环节都是在一个开放的系统中完成的，在食品的整个生命周期中，都存在因环境因素导致食品不安全的可能，而前端原材料的安全是保障食品安全的基础。产地环境的状况是原材料安全风险的源头，环境治理正是从源头保护食品安全的关键。

第一节　农产品生产环境治理状况

一、农田土壤污染态势堪忧

土壤环境质量直接关系到农产品质量安全，进而影响食品安全。

然而，随着我国工业化、城市化和农业集约化的快速发展，工业"三废"污染日趋严重，再加上不合理地使用农药、化肥，使得耕地土壤污染态势更趋严峻，农业生产环境污染问题越来越严重。

据《1997 中国环境状况公报》显示，全国有 1 000 万 hm^2 的耕地受到不同程度的污染，占当年 12 990 万 hm^2 耕地面积的 7.7%；《2000 中国环境状况公报》显示，对 30 万 hm^2 基本农田保护区土壤有害重金属抽样监测，其中 3.6 万 hm^2 土壤重金属超标，超标率达 12.1%。2011 年，环境保护部组织对全国 364 个村庄开展的农村监测试点结果表明，农村土壤样品超标率为 21.5%，垃圾场周边农田、菜地和企业周边土壤污染较重。[1] 我国耕地土壤受污染面积比率呈逐年上升趋势，受污染面积呈扩大之势。

2014 年 4 月 17 日，环境保护部和国土资源部发布《全国土壤污染调查公报》：全国土壤环境状况总体不容乐观，部分地区土壤污染较重，耕地土壤环境质量堪忧，工矿业废弃地土壤环境问题突出。工矿业、农业等人为活动以及土壤环境背景值高是造成土壤污染或超标的主要原因。污染类型以无机型为主，有机型次之，复合型污染比重较小，无机污染物超标点位数占全部超标点位的 82.8%。

除了土壤重金属污染严重威胁农产品质量安全之外，杀菌剂、杀螨剂、杀线虫剂、杀鼠剂、除草剂、脱叶剂和植物生长调节剂等各种农用药剂的超标、违规使用，直接或间接威胁农产品质量安全。尽管近年我国淘汰、禁用了剧毒高残留农药（有机氯、有机磷），新品种农药不断推出上市，粮菜农残合格率上升，但我国农药用量仍是世界平均水平的两倍。不合理使用农药所造成的土壤污染问题日益突出[2]，全国受农药污染的农田土壤达 933 万 hm^2。

---

[1] 陈印军、杨俊彦、方琳娜："我国耕地土壤环境质量状况分析"，载《中国农业科技导报》2014 年第 16 期。

[2] 常近时："我国湿法磷酸生产与磷肥施用对环境污染严重"，载《中国石油和化工》2013 年第 7 期。

二、土壤污染原因复杂多样

我国的土壤污染是在经济社会发展过程中长期累积形成的。分析其原因主要包括两个方面：

第一，工矿企业生产经营活动造成土壤污染。据全国土壤污染状况调查公报显示，[①]调查的 146 家工业园区的 2 523 个土壤点位中，超标点位占 29.4%。调查的 70 个矿区的 1 672 个土壤点位中，超标点位占 33.4%，主要污染物为镉、铅、砷和多环芳烃。有色金属矿区周边土壤镉、砷、铅等污染较为严重。

第二，农业生产活动是造成耕地土壤污染的重要原因。长期使用含有重金属盐类，如铅、铬、砷、汞以及氯、硫、酚、氰化物等有害成分的污水灌溉造成土壤环境的恶化。在全国土壤污染状况调查的 55 个污水灌溉区中，有 39 个存在土壤污染；在 1 378 个土壤点位中，超标点位占 26.4%，主要污染物为镉、砷和多环芳烃[②]。

不合理使用农药，如违规使用高毒高残留农药、过量使用农药，造成土壤甚至农产品中农药残留。我国曾经生产和使用的滴滴涕、六氯苯、氯丹及灭蚁灵等农药，在土壤中仍有残留，对于我国农产品质量产生较长期的影响。

农业活动中化肥的过量使用对于土壤环境的影响已引起广泛关注。我国每公顷土地化肥的用量已是世界警戒值的 2.5 倍，有效利用率仅为 30%。过量化肥的使用造成土壤环境改变，加剧土壤中有害重金属物质活化。另外，化肥中含有的污染物对土壤环境和农产品带来危害和潜在危害。生产磷肥的磷矿石中含有对作物有害的砷、镉、汞、铅等元素[③]，长期大量使用，造成重金属等有害元素在土壤

---

① 环境保护部、国土资源部：《全国土壤污染状况调查公报》，2014 年 4 月 17 日。

② 环境保护部、国土资源部：《全国土壤污染状况调查公报》，2014 年 4 月 17 日。

③ 常近时："我国湿法磷酸生产与磷肥施用对环境污染严重"，载《中国石油和化工》2013 年第 7 期。

和农作物中积累，影响土壤环境质量和农产品安全。

三、农产品质量与食品安全问题凸显

1999 年以来，国土资源部、国家环境保护部相继开展重点地区土壤地球化学调查、基本农田保护区土壤中有害重金属的抽样监测、全国土壤污染状况调查等工作，评价了我国农田土壤环境质量状况，尤其是"菜篮子"蔬菜生产基地、有机食品基地等重要农业生产基地的土壤环境质量调查，监测表明，部分生产基地的土壤环境质量呈现的镉、砷、铅等重金属污染问题值得关注。

由于耕地受到不同程度的重金属、农药和持久性有机污染物的污染，导致大面积耕地丧失生产力的同时，致使巨量的粮食及蔬菜的污染物含量超标。一些地区及城郊的农田和菜地土壤中持久性毒害物质大量积累，城郊农田和菜地重金属、农药及持久性有机污染物复合污染突出。

耕地土壤与农产品污染的事件不断发生，农产品安全事件频发，农产品质量安全问题日益突出，农村环境的安全与稳定和由食物链污染引起的国民健康问题令人担忧。另外，部分工业产业分布地区，土壤受到铅、砷等严重污染，大部分农产品中重金属含量严重超标。湖南多个地区的大米镉超标问题，在国内外引起广泛关注。[①]

2011 年我国粮食部门在全国除我国台湾地区、西藏外的 30 个省份 315 个市的 1 200 个县采集农户样品 6 123 份，监测结果表明：稻谷、小麦和玉米重金属含量总体在安全范围之内，但也出现了重金属超标现象，主要超标重金属为砷、汞、铅和镉等。重金属超标率

[①] "湖南大米镉超标拖累鱼米之乡政府归因化肥遭质疑"，载《新浪财经》，http://finance.sina.com.cn/china/dfjj/20130629/052915960264.shtml，访问时间：2013 年 6 月 29 日。

较高的粮食主要分布在南方和西南的省区区域，与上述省份土壤重金属含量高背景具有较高一致性。与粮食作物相比，蔬菜更易受到重金属污染，国内相关的文献报道也较多①，局部地区的蔬菜中铅、镉和汞等重金属污染问题凸显。

四、农产品生产环境治理工作十分迫切

农产品产地环境污染严重威胁着农产品质量安全。为了防治土壤污染，治理污染的土壤环境，国家先后制定系列规划与计划，极大地推动了我国土壤污染防治工作。2011年，国务院印发《国家环境保护"十二五"规划》，提出加强土壤环境保护制度建设、深化土壤环境调查、强化土壤环境监管、推进重点地区污染场地和土壤修复的任务。② 国务院正式批复了《重金属污染综合防治"十二五"规划》，提出了开展土壤重金属污染调查评估、建立污染场地清单、强化种植结构调整、综合防控土壤重金属污染、开展修复技术示范、启动历史遗留污染问题治理试点。③

2013年1月，国务院办公厅发布《近期土壤环境保护和综合治理工作安排》，提出到2015年，全面摸清我国土壤环境状况，建立严格的耕地和集中式饮用水水源地土壤环境保护制度，初步遏制土壤污染上升势头，确保全国耕地土壤环境质量调查点位达标率不低于80%。④ 近年来，农业部也开始关注农业土壤污染防治与监管，2011年对湖南、湖北、江西、四川4省重点污染区内88个区县水稻产地进行专项调查。

---

① 罗菁、魏勇、解忠义等："湖南省蔬菜等农产品污染状况及其治理对策"，载《湖南农业科学》2011年第10期。

② 国务院：《国家环境保护"十二五"规划》，国发〔2011〕42号。

③ 国务院：《国务院关于重金属污染综合防治"十二五"规划的批复》，国函〔2011〕13号。

④ 国务院：《近期土壤环境保护和综合治理工作安排》，国办发〔2013〕7号。

农业部从 2007 年开始推行"无公害食品、绿色食品、有机食品和农产品地理标志登记"的安全行动。2012 年年底，种植面积达 6 300 多万 hm²，占全国耕地面积的 47%，其产品合格率一直保持在 98% 以上。

第二节 食品安全生产风险监测与预警

一、农田土壤质量安全监测与预警

农田土壤质量安全监测体系是农田土壤环境质量监管的重要技术支撑，是确保食品安全生产的源头。按照《国家环境监测"十二五"规划》的要求，环境保护部门提出了土壤环境监测国家、省、地（市）三级网络构架和县、地（市）、省、国家的四级网络运行模式。

2012 年，农业部启动了大规模的全国农业面源污染调查，要求将农业面源污染调查与监测作为常态化和制度化工作，在全国建立一批国控监测点，持续开展定位监测工作，每两年开展一次全国农业面源污染调查工作。

《2012 年中国环境状况公报》显示，全国农业面源污染和农田地膜残留的国控监测点分别为 160 余个和 300 余个，初步搭建了覆盖全国的监测网络框架。[①]《2013 年中国环境状况公报》显示，全国农业面源污染监测网络基本形成，农田面源监测和农田地膜残留的

---

① 环保部：《2012 年中国环境状况公报》，2013 年 6 月 5 日。

国控监测点分别为 270 个和 210 个。①

2011~2013 年，中国环境监测总站组织开展了全国企业周边土壤环境质量例行试点监测、全国和蔬菜种植基地土壤环境质量例行监测工作，重点监测企业周边土壤环境中重金属（镉、汞、砷、铅、铬、铜、锌、镍、钒、锰、钴、银、铊、锑）和有机物（苯并芘）；监测棉花、水稻、小麦、玉米等粮棉油作物种植区重金属和有机物（六六六、滴滴涕和苯并芘）；监测蔬菜种植基地土壤重金属和有机物（六六六、滴滴涕、苯并［a］芘、氯丹、七氯、代森锌）。

我国在农田监测标准和技术方法规程制定、颁布与实施方面取得进展，农业部和环境保护部先后颁布实施《农田土壤环境质量监测技术规范》（NY/T 395—2000）、《土壤环境监测技术规范》（HJ/T 166—2006）、《土壤环境质量标准》（GB 15618—1995）、《土壤监测技术路线》、《土壤监测规程》（NY/T 1119—2006）、《耕地质量验收技术规范》（NY/T 1120—2006）等。由于不同部门颁发的标准之间存在不一致，影响监测信息的整合。由此，构建统一的土壤环境质量监测指标体系显得尤为重要。

近年来，农田污染预警研究工作取得一定进展，尚未形成不同行政级别的预警系统。农田质量预警首先要选择预警指标和标准，其次是预警模型的建立。常见预测模型有时间序列分析模型、灰色预测模型、回归模型等。近年来，随着计算机网络的高速发展，WebGIS 也被应用到预测模型的建立中。②

总体上，土壤环境预警目前仍处于探索阶段，对于农田环境质量预警的动态研究较少，并缺乏适应性强的预警模型，需要进一步地探索和解决。

---

① 环保部：《2013 年中国环境状况公报》，2014 年 6 月 5 日。

② 李小刚、马友华、王玉佳、朱诚等："基于 WebGIS 的耕地质量预警系统"，载《计算机系统应用》2014 年第 23 期。

二、农产品质量安全监测与预警

(一) 构建农产品质量安全检测体系

农产品质量安全检验检测体系是实施农产品质量安全监管的重要技术支撑，是确保食品安全生产的重要保障。数十年来，我国农产品质量安全检验检测体系建设稳步发展，尤其是 2006 年 8 月，国家发展与改革委员会批复并实施了《全国农产品质量安全检验检测体系建设规划（2006~2010 年）》，我国农产品质检体系建设加速发展，成效显著。据全国农产品质量安全检验检测体系建设规划（2011~2015 年）显示①，我国部、省、地、县四级农产品质检体系已初步形成。

截至 2009 年年底，全国农业系统有各级质检机构 2 225 个，比 2004 年增加 165 个，增幅 8%。县级质检站检测能力从无到有，部、省两级农产品质检中心检测能力由弱渐强。监测范围、品种和参数都较以往有了大幅增加，产品种类已达 6 大类 101 种，监测参数达 86 项，监测城市达 259 个。

(二) 形成农产品产地质量标准体系

为了规范农业生产活动中农药的使用，2002 年农业部制定《农药限制使用管理规定》，并于 2008 年进行修订。为加强农产品产地管理，改善产地条件，保障产地安全，2006 年 9 月通过《农产品产地安全管理办法》。

环保部于 2006 年制定《食用农产品产地环境质量评价标准》和《温室蔬菜产地环境质量评价标准》，对农产品、温室蔬菜产地土壤环境质量、灌溉水质量和环境空气质量的各个项目及其浓度（含量）限值和监测、评价方法进行了详细规定（见图 6）。

---

① 农业部：《全国农产品质量安全检验检测体系建设规划（2011~2015 年）》。

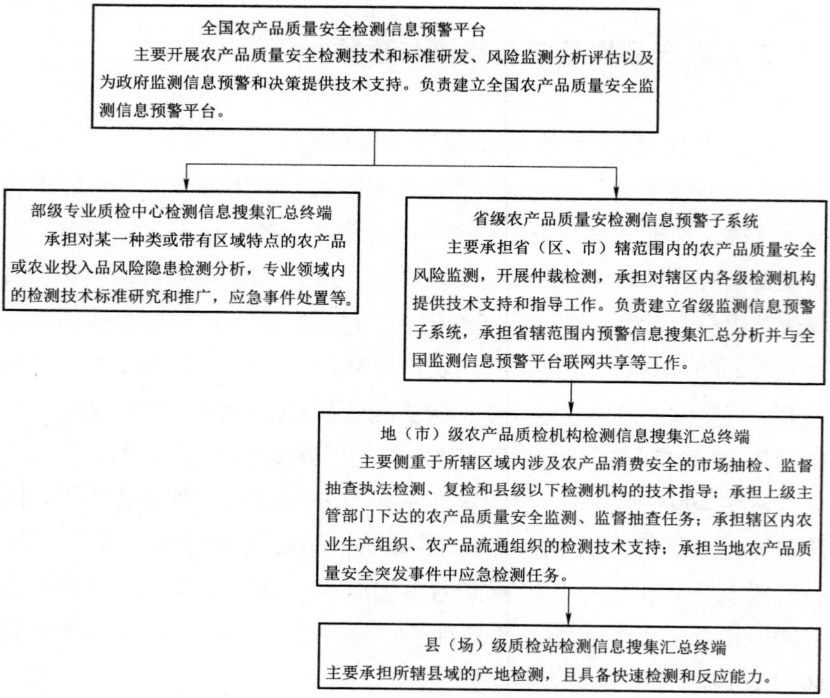

全国农产品质量安全检测信息预警平台
主要开展农产品质量安全检测技术和标准研发、风险监测分析评估以及为政府监测信息预警和决策提供技术支持。负责建立全国农产品质量安全监测信息预警平台。

部级专业质检中心检测信息搜集汇总终端
承担对某一种类或带有区域特点的农产品或农业投入品风险隐患检测分析，专业领域内的检测技术标准研究和推广，应急事件处置等。

省级农产品质量安检测信息预警子系统
主要承担省（区、市）辖范围内的农产品质量安全风险监测，开展仲裁检测，承担对辖区内各级检测机构提供技术支持和指导工作。负责建立省级监测信息预警子系统，承担省辖范围内预警信息搜集汇总分析并与全国监测信息预警平台联网共享等工作。

地（市）级农产品质检机构检测信息搜集汇总终端
主要侧重于所辖区域内涉及农产品消费安全的市场抽检、监督抽查执法检测、复检和县级以下检测机构的技术指导；承担上级主管部门下达的农产品质量安全监测、监督抽查任务；承担辖区内农业生产组织、农产品流通组织的检测技术支持；承担当地农产品质量安全突发事件中应急检测任务。

县（场）级质检站检测信息搜集汇总终端
主要承担所辖县域的产地检测，且具备快速检测和反应能力。

图 6　全国农产品质量安全监测信息预警平台布局及流程图

（三）建立农产品质量安全例行监测制度

2001 年起，农业部开始实行农产品质量安全例行监测制度，每年 4 次对全国大中城市的蔬菜、畜产品、水产品质量安全状况进行从生产基地到市场环节的定期监督检测，截止到 2013 年，已覆盖全国 31 个省（区、市）153 个大中城市。[①]

此外，《食品安全法》颁布后，原卫生部于 2010 年开始组织全国范围内的食品安全风险监测计划，监测范围主要为食品中各类化学污染物，包括重金属（铅、镉、总汞、总砷、镍、铬、稀土元素

———————

① 国务院：《近期土壤环境保护和综合治理工作安排》，国办发〔2013〕7 号。

等）、真菌毒素、农兽药残留、微生物污染等，在主要关注加工食品的同时也监测了部分初级农产品。

为加强对农业部产品质量监督检验测试机构的管理、全面提高农产品质量安全检测机构技术水平和整体素质，农业部于 2007 年先后制定了《农业部产品质量监督检验测试机构管理办法》（农市发〔2007〕23 号）、《农产品质量安全检测机构考核办法》（农业部令 2007 年第 7 号）。2012 年，为规范农产品质量安全风险监测工作，农业部颁布了《农产品质量安全监测管理办法》（农业部令 2012 年第 7 号），对农产品质量安全监测的类型范围、数据信息管理、快速检测监测工作纪律等作了进一步说明。

2012 年，卫生部审核通过了《食品中污染物限量》（卫生部公告 2012 年第 21 号），将食品标准中的所有污染物限量规定进行整合，修订为铅、镉、汞、砷、苯并［a］芘、N-二甲基亚硝胺等 13 种污染物在谷物、蔬菜、水果、肉类、水产品等限量规定，共设定 160 余个限量指标。[①] 2014 年，农业部与国家卫生计生委联合发布《食品中农药最大残留限量》（GB 2763—2014）。这一农药残留新标准比以往更加严谨，基本与国际标准接轨。[②] 这两个标准的颁布，完善了我国食品安全标准体系，为农产品检测工作提供了支撑。

（四）建立农产品质量安全预警系统

农产品质量安全预警主要通过对农产品质量安全状况的调查和分析，对可能出现的问题提前发出警告，使政府有关部门和机构、相关企业和生产者及时采取对策，解除警患，避免出现重大的食品安全事件，给人民生命健康造成损失。[③] 农产品质量安全风险预警体

---

① 卫生部：《食品中污染物限量》，卫生部公告 2012 年第 21 号。

② 卫生部、卫生计生委：《食品中农药最大残留限量（GB 2763—2014）》，卫生部公告 2012 年第 22 号。

③ 张星联、张慧媛、唐晓纯："国内外农产品质量安全预警系统现状研究"，载《质量监管》2012 年第 3 期。

系主要分为三个方面，包括农产品质量安全检测、风险评估和应急预警体系。

风险评估是风险预警体系的核心工作。近年来，我国逐步建立了农产品质量安全风险评估预警技术体系队伍，成立了国家农产品质量安全风险评估专家委员会和农产品质量安全专家组，为农产品质量安全风险评估预警提供技术咨询和决策参谋。

2011年开始，农业部分批规划认定了88家农产品质量安全风险评估实验室，具体承担分工专业领域或行政地域范围内相应的风险评估工作。2014年，为快速推进风险评估体系的建设，在地市级农产品质量安全检测机构和省级（含省）以下农产品质量安全研究性技术机构中，首批认定了145家风险评估实验站，具体承担授权主产区范围内农产品质量安全风险评估的定点动态跟踪和风险隐患摸底排查等工作。

我国农产品质量安全风险预警研究尚处于起步阶段，存在许多不足之处。食品和农产品质量安全是由不同部门分段监管的，每个部门都依据各自职能建立了相应的体系制度，风险信息资源较为分散，导致重复监测和大量数据的浪费。

第三节　农产品安全生产污染风险管控

一、污染风险管控的法律法规建设

水、空气和土壤等环境要素都与食品安全有着直接的关系，当前我国的环境法律体系中有《水污染防治法》《大气污染防治法》，但对于与食品原材料生产最为密切的土壤环境，没有专门的土壤环境保护的法律法规，使得土壤污染防治存在无法可依的局面。

现有的法律如《中华人民共和国环境保护法》（以下简称《环境保护法》）《中华人民共和国固体废弃物污染防治法》（以下简称《固体废弃物污染防治法》）《中华人民共和国水土保持法》（以下简称《水土保持法》）等，虽然涉及一部分土壤污染防治的内容，但往往过于笼统，且大多局限于"防止土地的污染、破坏和地力衰退""改良土壤"等原则性规定，缺少对涉及食品安全的土壤污染目标、措施、资金、管理体制等的明确界定，使得食品安全环境治理缺少制度基础。

二、多手段融合的监测体系建设

欧美等发达国家相继建立了具有特定空间布局结构的土壤环境监测网络，在时间和空间尺度上利用标准化方法对土壤进行持续或重复的监测，记录和评价土壤数据及相关环境或技术数据。

土壤环境监测新技术与新方法的突破与进步，进一步推动国际土壤科学的发展与进步。3S 技术、同位素示踪与标记、现代分子生物学、生物地球化学、同步光谱显微镜和同步辐射等现代技术与方法在不同空间和时间尺度上的土壤环境变化监测与研究方面得到广泛应用。

现行的《土壤环境质量标准》（GB 15618—1995），主要是针对农用地土壤镉、镍、砷、铜、汞、铬、铅等重金属和少量有机污染物，指标体系中缺少其他严重影响我国土壤环境质量的指标，如铍、锑、铊等元素与大量的有机污染物指标，且未考虑土壤种类和母质复杂性，无法满足土壤污染控制和农产品质量安全的要求。

三、基于农产品安全的环境监管制度建设与实施

我国农产品安全的环境监管硬件建设滞后于监管实际工作需要，

监管人员严重不足与自身软实力欠缺并存，专业化业务经费与运行保障经费不足等问题突出，制约了环境监管工作的有效开展，特别是对于农村环境的监管，一定程度上加剧环境污染对于食品安全的威胁。

环境与食品安全息息相关，环境各要素均直接或间接作用于食品，进行统一的环境治理，有助于从战略的高度统一认识、整合资源、形成合力，从而为食品安全提供全面、系统的环境保障。

但就目前的环境管理体制而言，涉及多个部门，各部门间职责界定存在交叉重叠，统管部门与分管部门关系不清，各部门涉及环境管理的制度、标准存在冲突，因此在实践管理中易出现相互推诿的现象。同时，由于缺少统一的治理目标和措施体系，导致各自为政、领域分散、管理资源浪费。统一、有效的管理体制的缺失，极大地削弱了环境治理在食品安全领域中的作用。

第四节　食品安全环境治理驱动力与政策机制

一、食品安全环境治理驱动力分析

食品安全是关系公众健康的公共事务，是保障居民健康的基本要素。对食品安全的保障是国家履行其社会管理职能的一个重要内容，与环境保护同属于"十八大"所提出的公共服务。其保障程度不仅关系到经济的发展，而且影响到人民的正常生活水平和社会的正常秩序。为了从源头保障食品安全，应当大力推进环境治理，着力控制水污染、土壤污染和大气污染，努力构建食品安全的第一道屏障。同样，社会、市场、制度等对于食品安全的诉求，也激励了环境治理，成为促进食品安全环境治理的驱动力。

（一）制度驱动因素

制度是人类设计出来调节人类相互关系的一些约束条件。① 食品安全离不开环境治理，而环境治理总是在特定的制度框架下进行。由于环境的公共属性和"外部效应"，市场机制无法在环境资源保护方面实现资源的最优配置，即所谓"市场失灵"，从而为政府干预提供了理论基础。对于由负外部效应引起的环境污染，需要政府通过制度的创设和供给加以矫正，推动环境治理，从而促进食品安全。

环境污染作为食品安全的源头风险，具有持久性、隐蔽性、不可逆转性和难以治理等特点，且环境污染一旦发生，治理成本通常较高，治理周期也较长。政府通过政策制定等举措加强环境保护，切断各类污染源，可有效遏制环境污染，成为食品安全环境治理的外部驱动力。严峻的环境污染状况直接导致了政府对污染治理的关注和重视。"向污染宣战"的提出，"大气十条""水十条""土十条"的制定，将从制度上强化环境保护，驱动环境治理的实施。

（二）市场驱动因素

食品安全问题越来越受到社会公众的关注，已经连续几年成为全国两会的核心热点问题之一，2014 年全国政协会议共收到提案5 875 件，其中 25% 关注民生，10% 关注环保②，数量和比重都高于往年，这深刻反映出社会公众对于食品安全和资源环境的相关诉求总体上呈现增加的趋势，反映了公众环境意识的日益觉醒和参与意识的不断增强。百姓对食品安全的诉求必然会传导至食品生产、加工、销售等各个环节，作为食品商品链的初始端，环境治理与污染

---

① 诺思：《经济史中的结构与变迁》，陈郁、罗华平译，上海人民出版社 2002 年版，第 195 页。

② "今年全国政协收到提案 5 875 件，1/4 关注民生"，载人民网，http：//politics. people. com. cn/n/2014/0313/c70731 - 24623119. html，访问时间：2014 年 3 月 13 日。

防治必然也会受到这一诉求的影响。

随着人们的健康意识和环保意识的逐渐增强，食品的健康安全与否成为当前消费者选择的重要依据，也成为食品生产者的重要竞争力。目前，绿色食品、有机食品普遍受到了广大消费者的青睐，这种现象正说明了社会公众对食品需求的转变，市场需求的变化要求整个产业链的最前端生产环境的绿色无公害，这在一定程度上成为推动食品安全治理和环境质量改善的重要力量。

此外，食品安全的市场准入制度已经成为我国食品商品走出国门开拓世界市场的严峻考验，这也是我国急需开展食品安全环境治理的市场因素之一。

（三）效率驱动因素

就企业而言，提高效率是其发展的重要目标。环境治理会影响企业的效率，进而影响到企业的业绩。企业为了追求更好的业绩，就会强化企业的环境管理。就食品行业而言，企业会溯源到对原材料品质的把关，要求原材料至少是无污染的、无害的，从而促进了食品安全的环境治理。因此，企业自身的效率因素驱动了食品安全的环境治理。

Schaltegger 和 Figge 提出了一种综合观点[1]，认为环境绩效与经济绩效的关系呈现倒"U"型，指出了环境绩效与经济绩效能达到双赢的可能性，也就是说，企业通过环境管理达到了环境绩效提高，不会总是使产品成本上升、利润减少，而是可以提高企业的经济绩效。企业实施环境管理，短期来看其投入的环境治理成本可能会使产品成本上升、利润下降，但是从企业长远发展来看，环境管理为企业带来的竞争优势会逐渐显现，企业的经济收益最终也会大于环境治理的投入成本。通过产品质量的提升，不仅扩大了企业产品的

---

① Schaltegger, Figge. Environmental shareholder value: economic success with corporate environmental management. *Eco-Management and Auditing*, 2000, 7 (4): 29-42.

市场份额，还会为企业带来更多新的市场机会。

因此，效率驱动作为一种确切的内部驱动力，有效地推动了企业的环境管理措施，主要表现在实施环境管理为企业带来的成本节约、资源利用率的提高、产品质量的提升以及由此而带来的市场机会。这些都会促进企业采取积极的环境管理实践。

（四）企业社会责任驱动因素

随着经济发展和社会进步，公众对于企业的期望水准不断提高，企业的社会角色也随之扩大，企业无可避免地应承担一些社会责任。[①] 可持续发展理念逐渐深入人心，企业作为实现可持续发展的微观载体，承担社会责任已经成为不可或缺的外在要求。无论是保护环境，还是生产安全的食品，都是企业的社会责任的履行，企业应当在追求其自身经济利益最大化的同时，致力于可持续发展，进行生态环境管理，降低自然资源的损耗，并且生产安全的食品，维护社会公共的利益。

随着我国环境制度的建立发展和环境管理的不断完善，我国企业从最初的无环境意识到逐步认可，再到现在的主动承担相应的社会责任，许多大型企业、新兴企业都设有专门的环境管理部门并制定环境政策，专门从事环境保护相关的绿色产业也已经发展成为经济体系中的重要力量。企业社会责任的觉醒与承担顺应了市场需求的发展趋势，也从微观上推动了我国食品安全治理和环境保护的发展。

二、环境治理现有政策机制概述

（一）中国环境管理制度框架

环境保护法律体系是环境保护工作的基础和重要依据。我国环

---

① Davis Keith, Robe L. *Blomstrom. Business and society*: *Environment and Responsibility*, 3rd. New York: McGraw Hill, 1984, 67.

境保护法律体系是以宪法为基础，由若干彼此相互联系协调的环境保护法律、行政法规、部门规章、地方性法规和标准所组成的一个完整而又独立的法律体系（见图7）。

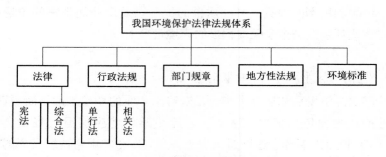

图7 我国环境管理制度构成

《宪法》是环境保护立法的依据和指导原则，主要规定了国家在合理开发、利用、保护、改善环境和自然资源方面的基本权利、义务、方针和政策等基本问题；中国的环境保护综合法是指《环境保护法》，它在环境法律法规体系中占有核心地位；环境保护单行法是针对特定的保护对象而进行专门调整的立法，它以宪法和环境保护综合法为依据，又是宪法和环境保护综合法的具体化；环境保护相关法是指一些自然资源保护和其他与环境保护关系密切的法律。

环境保护行政法规是由国务院制定并公布或经国务院批准有关主管部门发布的环境保护规范性文件。一是根据法律授权制定的环境保护法的实施细则或条例，二是针对环境保护的某个领域而制定的条例、规定和办法；部门规章是指国务院环境保护行政主管部门单独发布或与国务院有关部门联合发布的环境保护规范性文件，以及国务院各部门依法制定的环境保护规范性文件；环境保护地方性法规和地方性规章是享有立法权的地方权力机关和地方政府机关依据宪法和相关法律制定的环境保护规范性文件，是根据本地实际情况和特定环境问题制定的，并在本地区实施，有较强的可操作性。

环境标准是环境保护法律法规体系的一个组成部分，是环境执法和环境管理工作的技术依据。我国的环境标准分为国家环境保护标准和地方环境保护标准。

（二）中国环境治理的机构框架

我国已经建立起由全国人民代表大会立法监督，各级人民政府负责实施，环境保护行政主管部门统一监督管理，各有关部门依照法律规定实施监督管理的体制。

全国人大环境与资源保护委员会作为全国人大的专门委员会，主要在防治环境污染、加强生态建设、推动资源节约、发展循环经济等方面，积极开展立法和监督工作；根据我国的行政管理体制划分，国家、省、县（市）三级政府都有专门的环境保护行政管理部门。

环境保护部是国务院直属的环境保护最高行政部门，统管全国的环境保护工作，其主要职责包括拟定国家环境保护方针、政策和法规，制定和发布国家环境质量标准和污染物排放标准等。地方各级人民政府设立环境保护行政主管部门，负责地方环境保护工作，制定地方环境标准，发布环境状况公报等。

各有关部门大都已设立相应的环保机构以承担环境管理工作。国家环保部与本系统及其他部委的环境保护机构之间，主要是指导、协调工作的关系。

第五节 政 策 建 议

一、完善农产品生产安全环境治理的法律法规体系

尽快出台《土壤污染防治法》及其配套法规。规定严格的法律

责任，提高企业污染成本，畅通污染受害者诉求渠道。加强土壤环境应急和执法能力建设。健全不同土地利用方式的标准和各种土壤环境质量的指标。完善土壤污染评价、风险评估和土壤污染修复等标准体系。在制定土壤环境质量标准时还应注意与食品卫生标准的衔接。

二、拓宽农产品安全生产监管体系，建立多部门协调合作机制

构建多部门协同的数据交换、合作共享机制，形成全国土壤保护和污染防治的协调体制，规划、制订全国土壤保护行动计划。加快建立全国土壤和农产品监测网络和监测技术体系，开展土壤和农产品的定点、定时监测，确保农产品质量信息的实时发布与有效监管。

三、建立健全农产品质量安全的追溯系统和农药化肥监管体系

健全农产品质量安全的追溯系统和相关的法律法规和机制，创造更加便利的查询方式，增加消费者对系统的使用率。通过管理创新、模式创新和技术创新，实现农产品质量安全追溯的可持续化发展；制定国家层面的"农药管理法"和"化肥管理法"，强化农药的登记和再登记管理，实施农药生产、经营、使用全过程监管。强化化肥的科学合理使用，实行化肥总量控制，提高化肥的利用率。

四、形成农产品生产环境治理技术体系，改善农产品生产的土壤环境质量

基于我国土壤污染状况与修复技术研发阶段，有计划、分步骤

地开展土壤污染调查，建立污染土壤的数量、种类、污染程度和环境风险等信息档案库。加强研发土壤污染识别中的快速监测或筛查技术，发展安全、实用、高效、低廉的修复新技术、新产品和新装备，特别是能服务于多种污染物复合或混合污染的一体化修复技术、多技术联合的原位修复技术，形成我国农产品生产环境治理体系，支撑我国农产品生产环境治理。

第五章　食品安全标准体系建设状况

食品安全标准是食品安全法规的重要组成部分，包含了食品安全方方面面的技术要求，也是食品生产企业必须强制执行的内容。《食品安全法》规定，食品安全国家标准是唯一强制的食品类标准。我国目前正在构建以安全标准为基础，各类推荐性质量标准相配套的食品标准体系。

第一节　食品安全标准体系

据统计，我国与食品相关标准有 5 000 余项，包括对食品和食用农产品种植、养殖、生产、经营、餐饮等各环节的各类技术要求，涉及食品品质和质量、农业投入品的管理、食品生产工艺、包装储存运输、相关的检测方法等各方面的要求。其中，与食品卫生、安全有关的各类标准统称食品安全标准，是食品标准体系中重要的组成部分。

《食品安全法》颁布实施以后，在原有卫生部食品卫生标准体系基础上，我国已经初步建立了食品安全标准体系框架。《食品安全法》第 20 条明确规定了食品安全标准应包括如下内容：（1）食品、食品相关产品中的致病性微生物、农药残留、兽药残留、重金属、污染物质以及其他危害人体健康物质的限量规定；（2）食品添加剂的品种、使用范围和用量；（3）专供婴幼儿和其他特定人群的主辅食品的营养成分要求；（4）对与食品安全、营养有关的标签、标识和说明书的要求；（5）食品生产经营过程的卫生要求；（6）与食品安全有关的质量要求；（7）食品检验方法与规程；（8）其他需要制定为食品安全标准的内容。

现行食品安全标准体系以上述 8 项内容为核心，共分为以下 6 大类别。

一、基础（通用）标准

基础标准是一类最为重要的通用标准，适用于各类食品产品，包括食品中污染物和真菌毒素限量、食品中致病菌限量、食品中农药最大残留限量、食品中兽药最大残留限量、食品中添加剂与营养强化剂使用限量和食品标签标准等。

二、食品产品标准

食品产品标准包括各类食品产品的食品安全标准，规定基础标准不能涵盖的食品产品中其他健康危害因素的限量；还包括特殊膳食类标准，规定了专供婴幼儿和其他特定人群的主辅食品的营养成分要求。

三、食品添加剂标准

除食品添加剂的使用标准外，食品添加剂本身的质量规格也是食品安全标准体系的重要组成部分。在我国添加剂使用标准中，目前允许使用的有防腐剂、着色剂和甜味剂等 300 余种，绝大多数都制定了相应的规格要求。

四、食品相关产品标准

食品相关产品的标准体系包括对各类食品包装材料允许使用的原料规定、食品包装材料产品的规格要求、食品包装材料生产加工中可以使用的添加剂规定和食品用洗涤剂与消毒剂的规格要求等。

五、生产经营规范类标准

对食品生产经营过程的卫生管理是保证食品安全的重要环节。食品生产经营规范类标准是食品安全标准框架体系中的一个重要部分，规定从初级生产到最终消费的全过程中每一阶段的基本卫生要求和关键卫生控制措施。目前我国有食品生产过程卫生规范 20 余项，正在进行进一步地修订完善，升级为食品安全国家标准。

六、检验方法与规程

检验方法类标准是标准体系的重要组成部分，是验证基础标准和产品标准是否得到执行的重要手段。我国已有食品理化检测方法、食品微生物学检验和食品安全毒理学评价程序三大系列的方法标准体系，食品安全标准中的各项指标均有相应的检验方法。

第二节 食品安全标准制定、修订程序

为规范食品安全国家标准管理，原卫生部制定了《食品安全国家标准管理办法》《食品安全国家标准制（修）订项目管理规定》

《食品安全企业标准备案办法》《进口无食品安全国家标准食品许可管理规定》《食品安全地方标准管理办法》和《食品安全标准经费管理办法》等规范性文件。

2010 年 1 月，按照《食品安全法》要求，原卫生部组建了由多个领域的 350 名权威专家担任委员的食品安全国家标准审评委员会，负责食品安全国家标准的审查。该委员会在原卫生部食品卫生标准专业委员会和全国食品添加剂标准化技术委员的基础上，吸纳了医学、农业、食品、营养等方面的专家和食品安全监管部门的代表。为确保审评委员会成员选聘过程的公平公正以及所选人员的称职合格，审评委员会组成人员历经遴选及向社会公示等环节，最终由卫生部聘任，实行任期制，每届任期 5 年。审评委员会的单位委员是由国务院有关部门代表，不指定具体人员。该委员会的架构设置充分考虑食品安全标准体系的设置，委员会下设污染物、微生物、食品添加剂、农药残留、兽药残留、营养与特殊膳食食品、食品产品、生产经营规范、食品相关产品和检验方法与规程 10 个分委会。

第一届委员会成立后，原卫生部印发了《食品安全国家标准审评委员会章程》，明确了委员会职责、委员权利、义务和工作程序等。委员会秘书处挂靠国家食品安全风险评估中心，负责委员会会议和各专业分委会的组织协调、处理相关咨询和答复以及督促检查等日常工作。

按照《食品安全国家标准管理办法》的要求，制定食品安全国家标准应当以食品安全风险评估结果和食用农产品质量安全风险评估结果为主要依据，并参照相关的国际标准和国际食品安全风险评估结果。标准制定的过程强调公开透明原则，要求标准在起草完成后，应当书面征求标准使用单位、科研院校、行业和企业、消费者、专家和监管部门等各方面意见。经审评委员会秘书处初审通过的标准，要在卫生部网站上公开征求意见。而为规范食品安全国家标准起草工作，加强食品安全国家标准制（修）订项目管理，原卫生部又发布了《食品安全国家标准制（修）订项目管理规定》。此规定中，多处强调"广泛征求意见"，以期加大公众和企业参与标准制订的力度，体现食品安全国家标准起草过程的公开透明性。

同时，为做好委员会各项管理工作，委员会秘书处出版了《食品安全国家标准工作程序手册》，制定了《食品安全国家标准制定原则》《食品安全国家标准编写要求及指南》《食品安全国家标准审评委员会秘书处工作制度》等制度文件，为规范食品安全国家标准审评委员会各项活动提供了保障。

食品安全国家标准的制定、修订程序可以分为征集立项建议、确定项目计划、起草、征求意见、审查、批准发布、跟踪评价和修订八个步骤。一项标准从立项到发布一般需要1~3年的时间。

一、征集标准规划和计划的建议

国家卫生计生委（原卫生部）会同国务院各相关部门制订食品安全国家标准规划及其实施计划。国家卫生计生委每年向各部门和社会公开征集国家标准立项建议，秘书处收集整理后提出年度立项计划建议。

二、确定标准制（修）订计划

食品安全国家标准审评委员会根据食品安全标准工作需求，对食品安全国家标准立项建议进行研究，向国家卫生计生委提出制订食品安全国家标准制（修）订计划的咨询意见。根据食品安全国家标准审评委员会的咨询意见和社会各方面的意见和建议，形成食品安全国家标准规划或年度制（修）订计划。

三、起草标准

国家卫生计生委择优选择具备相应技术能力的单位承担食品安

全国家标准起草工作。标准起草单位在起草过程中深入调查研究，以食品安全风险评估结果和食用农产品质量安全风险评估结果为主要依据，充分考虑我国社会经济发展水平和客观实际的需要，参照相关的国际标准和国际食品安全风险评估结果。

四、公开征求意见

标准起草完成后，起草单位书面征求标准使用单位、科研院校、行业和企业、消费者、专家、监管部门等各方面意见。标准草案经秘书处初步审核后，在国家卫生计生委网站上公开征求意见，公开征求意见的期限一般为两个月。秘书处将收集到的反馈意见送交起草单位，以对标准送审稿进行完善。

五、审查标准

食品安全国家标准审评委员会分委员会对标准的科学性、实用性进行审查。参会委员四分之三以上同意的，标准通过审查。未通过审查的标准，专业分委员会向标准起草单位出具书面文件，说明未予通过的理由并提出修改意见。标准起草单位修改后，再次送审。专业分委员会审查通过的标准，由专业分委员会主任委员签署审查意见后，提交审评委员会主任会议审议。

六、批准和发布标准

经过主任会议审议通过的标准，国家卫生计生委以公告的形式发布。标准自发布之日起20个工作日内在国家卫生计生委网站上公布，供公众免费查阅。

七、跟踪评价标准

国家卫生计生委组织审评委员会、省级卫生行政部门和相关单位对标准的实施情况进行跟踪评价。任何公民、法人和其他组织均可以对标准实施过程中存在的问题提出意见和建议。

八、修订和复审标准

食品安全国家标准公布后，个别内容需作调整时，以国家卫生计生委公告的形式发布食品安全国家标准修改单。食品安全国家标准实施后，审评委员会适时进行复审，提出继续有效、修订或者废止的建议。对需要修订的食品安全国家标准，及时纳入食品安全国家标准修订立项计划。

第三节　2014 年食品安全标准工作进展

原卫生部 2012 年发布了《食品安全国家标准"十二五"规划》，对"十二五"期间食品安全标准工作作了规划和部署。按照规划的要求，在 2015 年前，应完成如下九项工作任务：

任务一：全面清理整合现行食品标准。

任务二：加快制订、修订食品安全基础标准。

任务三：完善食品生产经营过程的卫生要求标准。

任务四：合理设置食品产品安全标准。

任务五：建立健全配套食品检验方法标准。

任务六：完善食品安全国家标准管理制度。

任务七：加强食品安全国家标准的宣传和贯彻实施。

任务八：开展食品安全国家标准的相关研究。

任务九：提高参与国际食品法典事务的能力。

2014 年是落实《食品安全国家标准"十二五"规划》的关键之年，标准工作取得的成效直接决定了上述各项任务能否按期完成。截止到 2014 年 12 月初，全年已经开展的工作包括如下几个部分。

一、有序做好食品安全国家标准的年度计划项目组织工作

2014 年，国家卫生计生委立项食品安全国家标准项目 26 项，包括食品产品、食品添加剂和营养强化剂质量规格等内容，推动食品安全国家标准体系不断完善。

二、启动食品标准整合工作

根据《食品安全法》及其实施条例和《国务院关于加强食品安全工作的决定》，为落实《国家食品安全监管体系"十二五"规划》和《食品安全国家标准"十二五"规划》关于食品标准清理整合的工作任务，国家卫生计生委制定了《食品安全国家标准整合工作方案》。方案设定了食品安全国家标准整合的工作目标、工作原则、工作任务和进度安排。

计划到 2015 年年底，完成食用农产品质量安全标准、食品卫生标准、食品质量标准以及行业标准中强制执行内容的整合工作，基本解决现行标准交叉、重复、矛盾的问题，形成标准框架、原则与国际食品法典标准基本一致，主要食品安全指标和控制要求符合国际通行做法和我国国情的食品安全国家标准体系。

标准整合按照确保安全、科学合理、注重实用、公开透明的原则，根据食品标准清理结果，按照"整体推进、先易后难、重点优先"的要求，以现行《食品中污染物限量》《食品中致病菌限量》

《食品添加剂使用标准》《食品营养强化剂使用标准》《食品中农药最大残留限量》《食品中兽药最大残留限量》《预包装食品标签通则》等食品安全国家标准为基础，按照食品安全标准框架体系和各类食品安全国家标准目录开展食品安全国家标准整合工作。

（1）食品原料及产品安全标准。按照食品安全基础标准的食品品种、分类和食品原料及产品的安全标准目录，整合现行食品原料及产品标准。一是以食品安全基础标准尚未覆盖的食品安全指标、食品安全相关的质量指标等内容为重点，科学设置食品产品安全标准指标。二是取消缺乏科学依据的指标。三是完善食品分类术语和特征的标准，与食品安全基础标准相配套。

（2）食品添加剂和营养强化剂质量规格标准。根据《食品添加剂使用标准》《食品营养强化剂使用标准》规定的品种，整合现行食品添加剂、食品营养强化剂、食品用香料和加工助剂质量规格标准。

（3）营养与特殊膳食食品标准。按照营养与特殊膳食类食品标准目录，整合现行营养与特殊膳食类食品标准，涵盖婴幼儿配方食品、特殊医学用途膳食类食品和其他特殊人群的营养要求。

（4）食品相关产品标准。按照食品相关产品分类和食品相关产品安全标准目录，整合现行食品容器、包装材料和其他食品相关产品标准，形成食品相关产品的基础标准和产品标准。

（5）食品生产经营过程的卫生要求标准。按照食品生产经营过程的卫生要求标准目录，整合现行生产经营规范类食品标准。一是以《食品生产通用卫生规范》和食品流通、餐饮环节的通用规范为基础，制定重点食品类别的生产过程食品安全要求。二是兼顾食品安全监管实际需要，形成与食品产品安全标准和通用安全标准相配套的生产经营过程的卫生要求标准。三是制定重点危害因素的控制指南，针对食品行业特点，为食品企业提供操作性强的技术指导。

（6）检验方法与规程标准。按照各类检验方法与规程标准目录，构建与食品安全标准限量指标要求相配套的检验方法与规程标准体系。理化检验方法以食品安全指标为依据，注重不同检验方法的使用情况和普及程度，整合现行国家标准、行业标准中的理化检验方法标准，与食品安全标准的限量要求相配套，具体包括一般成分、元素、污染物、毒素、放射性物质、添加剂、营养强化剂等的检验方法标准。微生物检验方法以微生物种类为依据，整合现行国家标准、行业标准中的微生物检验方法标准，与食品安全标准的微生物限量要求相配套。具体包括致病菌、指示菌培养基和试剂要求、样品处理等标准。毒理学检验方法和评价程序补充完善毒理学实验要求，满足食品安全性毒理学评价的需要。具体包括一般要求、急性毒性、慢性毒性、致癌、致畸、致突变、生殖发育毒性等标准。

按照工作进度安排，2014 年年底应完成 50% 以上工作任务，2015 年完成标准整合工作任务。截止到 2014 年 12 月，已有 190 余项初步完成整合的标准正在公开征求意见，整合工作进展顺利。

三、组织开展重点食品安全国家标准的跟踪评价

按照《食品安全法》及其实施条例、《国务院办公厅关于印发 2014 年食品安全重点工作安排的通知》要求，根据《食品安全国家标准跟踪评价工作规范（试行）》规定，国家卫生计生委开展了重点食品安全标准的跟踪评价工作。按照计划安排，2014 年组织开展了《食品中污染物限量》（GB 2762—2012）、《食品中真菌毒素限量》（GB 2761—2011）、婴幼儿配方食品标准相关检验方法、GB 4789 系列食品微生物学检验方法标准、《营养强化剂使用标准》（GB 14880—2012）、《蒸馏酒及其配制酒》（GB 2757—2012）、《发酵酒及其配制酒》（GB 2758—2012）5 项食品安全国家标准的跟踪评价工作。

通过开展标准的跟踪评价，可以及时发现标准执行中存在的问题，了解标准对食品行业发展和消费者健康保护水平的影响情况，为进一步修订和完善标准提供依据。国家食品安全风险评估中心承

担了跟踪评价的组织工作，各省级卫生行政部门（卫生计生委）通过采取问卷调查、专家咨询、现场调查、指标验证等方式对上述各项食品安全国家标准开展跟踪评价工作。

四、食品安全地方标准工作不断完善

《食品安全法》第 24 条规定，没有食品安全国家标准的，可以制定食品安全地方标准。省、自治区、直辖市人民政府卫生行政部门组织制定食品安全地方标准，应当参照食品安全国家标准制定的规定，并报国务院卫生行政部门备案。各地方关于食品安全地方标准的立项与制定应遵守《食品安全法》以及《食品安全地方标准管理办法》（以下简称《地标管理办法》）的要求并按照相关程序备案。

《地标管理办法》根据《食品安全法》及其实施条例等有关规定，进一步规定了食品安全地方标准的制定范围。《地标管理办法》第 3 条规定，没有食品安全国家标准，但需要在省、自治区、直辖市范围内统一实施的，可以制定食品安全地方标准。食品安全地方标准包括食品及原料、生产经营过程的卫生要求、与食品安全有关的质量要求、检验方法与规程等食品安全技术要求。食品添加剂、食品相关产品、新资源食品、保健食品不得制定食品安全地方标准。

《卫生计生委关于开展食品地方标准清理工作的通知》要求，各地方在制定食品安全地方标准时应严格按照上述法律条例及规定执行，将《食品安全法》第 20 条中规定的食品安全指标作为食品安全地方标准的主要内容，将食品及原料生产经营过程的卫生要求、适合当地监管需要的检验方法作为立项重点。食品安全地方标准不得与国家标准交叉、重复和矛盾；食品安全国家标准已经涵盖的食品品种，不宜重复制定食品产品的地方标准。

2014 年，各地基本完成了已有地方标准的清理工作，食品安全地方标准的制定工作更加有序。国家卫生计生委发布了《食品安全地方标准制定及备案指南》，明确了标准制定的原则及备案程序。

五、积极参与国际标准工作

2014 年，我国成功举办了第 46 届国际食品添加剂法典委员会会议和第 46 届国际农药残留法典委员会会议，这是我国作为主持国连续 8 年成功举办的法典会议。在 2014 年 7 月于瑞士日内瓦召开的第 37 届国际食品法典（CAC）大会上，中国继续担任 CAC 执行委员，代表亚洲地区参与 CAC 执委会工作。我国充分利用上述有利条件，积极派员参加 CAC 会议，积极参加 CAC 标准的制定、修订工作，牵头了《预防和降低大米中砷污染的控制规范》《非发酵豆制品亚洲区域标准》等标准的制定，并负责建立和维护食品工业用加工助剂数据库。

与此同时，中国积极履行世界贸易组织（WTO）透明度要求的义务，确保中国在《实施动植物检疫措施的协议》（SPS）领域法规的制定和实施透明化。2014 年，中国向 WTO 通报食品安全措施 200 余项，收到美国、欧盟、澳新等国家和地区等多个 WTO 成员对我国食品安全标准提出的评议意见，并作了积极回应。我国对其他主要贸易伙伴及 WTO 成员的 SPS 措施积极提出评议意见，为我国的食品国际贸易提供了保障。

第四节　政　策　建　议

一、深入开展标准整合，构建科学合理的食品安全标准体系

由于当前我国食品安全监管呈现多部门负责的格局，标准的制

定和执行由不同的部门负责。在这种特殊的环境下，在标准立项前开展更加广泛的需求分析研究，在标准制定过程中最大程度地吸收来自方方面面的专家参与尤为重要。此外，还应积极与监管部门、食品企业等密切配合，开展标准执行过程中存在问题的调研，及时发现标准内容不适应生产或监管实践的情况并及时加以解决。

建议食品安全标准主管部门对所有食品标准进行深度整合，梳理与食品安全相关的标准，形成食品安全标准强制体系。将应由行业自律的食品质量要求与食品安全要求分开，形成"安全标准保障安全、质量标准繁荣市场"的食品安全技术法规体系。通过加强对食品生产经营规范类标准的制定和实施，提高食品行业和企业的自我管理水平。对监管部门宣贯过程监管的理念，通过过程管理解决食品掺杂使假问题。

二、完善食品安全标准制（修）订程序，提高标准的科学水平和透明度

食品安全国家标准审评委员会秘书处于 2012 年出版了《食品安全国家标准工作程序手册》，规定了食品安全国家标准审评委员会的管理及运行机制，及食品安全国家标准制（修）订的程序和原则。但与发达国家相比，仍存诸多不足。建议国家卫生计生委借鉴美国、欧盟、澳新等发达成员在食品标准法规制（修）订方面的先进经验，进一步完善食品标准制（修）订程序。

三、加强风险评估结果在标准制定中的应用

《食品安全法》规定，"制定食品安全国家标准，应当依据食品安全风险评估结果并充分考虑食用农产品质量安全风险评估结果，参照相关的国际标准和国际食品安全风险评估结果，并广泛听取食品生产经营者和消费者的意见。"食品安全标准体系的建设必须建立

在风险评估的科学依据基础上，还要加强对国际标准的追踪和研究，并充分适应我国的生产和监管实际。食品安全标准体系的发展和完善需要长期的过程。

风险评估是标准制定的科学基础，标准是风险管理的手段。风险评估在标准制定过程中的应用不仅仅体现在某一具体指标的制定中，还应当体现在整个标准体系构建的过程中。哪种产品需要制定标准，如何合理地采用规范控制食品的污染，哪些食品类别应当设置污染物的限量等问题，都需要有全盘的风险评估和风险管理思想。在充分收集监测数据的基础上，通过风险评估确定最大可能的健康保护水平；针对不同的食品类别或食品行业，采取不同的管理方式，实现更加灵活的风险管理手段。风险评估是食品安全标准制（修）订程序的关键环节。欧盟食品安全局（EFSA）作为独立于政府之外的专门技术机构，负责所有与食品链相关的风险评估工作；美国和加拿大也在食品法规标准制（修）订部门平行设立了风险评估部门，为食品法规标准的制（修）订提供科学依据。我国食品安全的风险评估工作处于起步过程中，国家食品安全风险评估中心于 2011 年成立，国家食品安全风险评估专家委员会于 2009 年成立，服务于食品安全标准的系统的风险评估还未大规模开展。建议国家卫生计生委从国家层面统筹考虑，进一步加强食品安全风险评估机构主导食品安全标准制定的合作机制，提高标准的科学水平。

四、加强食品安全标准的宣传与培训

食品安全国家标准是《食品安全法》规定的唯一强制的食品标准，它是国家食品安全监管部门在食品监管中重要的执法依据，必须具有较强的普及性。近几年，我国食品安全国家标准更新较快，由于食品标准遗留的历史问题较多，因此，标准之间的交叉、重复、矛盾等现象给食品标准使用和监管部门仍然有可能带来困惑。建议加强食品安全标准的宣传和培训力度，具体渗透到最低一级食品安全具体监管人员，覆盖大、中、小型食品企业，确保食品安全标准的正确使用。另外，建议完善食品安全标准制（修）订工作的公开透明机制，进一步落实到食品安全国家标准的程序性文件中，使食品行业、企业甚至公众都能在食品安全标准的制定和修订过程中逐步了解标准，使得标准的各利益相关方都能充分表达自己对标准的意见和建议。

五、加强我国食品安全标准管理专业人才培养

食品安全标准管理的技术性和政策性都很强，既需要考虑科学因素，也需要从成本效益角度确定适度的健康保护水平。标准管理人员需要较深的专业基础，也需要很宽的视野，了解相关行业、国际领域的最新工作进展。与发达国家相比，我国目前承担食品安全国家标准管理的技术机构在人员结构、能力建设投入方面远远不足。建议从国家层面大力加强食品安全标准管理的人才培养，加强国际交流，提高食品安全标准制（修）订工作的管理水平。

食品安全标准作为风险管理措施和保障消费者健康的重要手段，具有较强的法律地位，其技术性和政策性都很强，既需要考虑科学因素，也需要从成本效益角度确定适度的健康保护水平。标准管理人员需要具备食品加工工艺、操作规范的基本知识；需要具备公共卫生学的背景，了解微生物、化学、毒理检验方法的知识，甚至还需要具有国际贸易、国际食品法典标准等全方位、各领域的知识，因此，食品安全标准的管理需要较强的专业基础，也需要很宽的视野，了解相关行业、国际领域的最新工作进展，需要掌握跨领域、多方位知识的人才。

食品安全标准的管理不仅需要管理人员具有较强的知识背景，还需要较强的交流和管理能力。与发达国家相比，我国目前承担食品安全国家标准管理的技术机构在人员结构、能力建设投入方面远远不足。食品安全国家标准审评委员会秘书处目前仅有平均年龄不到 30 岁的年轻骨干，管理经验缺乏。因此，建议从国家层面大力加

强食品安全标准管理的人才培养，制订人才培养梯队和建设规划，有重点和针对性地培养人才，从而不断提高食品安全标准制（修）订工作的管理水平。

六、积极参与国际标准的制定

追踪和参与国际标准的制定是提升我国食品安全标准制（修）订水平的有效方式。积极参与国际食品法典工作不仅可以了解最新的食品安全风险评估进展，更能追踪食品安全领域比较前沿的管理理念，从而促进我国标准水平的提高。在我国风险评估数据十分缺乏、评估的方法和手段尚不够健全的情况下，直接借鉴和引用国际食品法典标准是快速完善我国食品安全标准体系的有效方法。

第六章　食品安全风险治理状况

第一节　食品安全风险评估

　　食品安全风险评估是《食品安全法》确立的一项基本法律制度。《食品安全法》规定，国家建立食品安全风险评估制度，对食品、食品添加剂中的危害进行风险评估。国家卫生与计划生育委员会负责组织我国食品安全风险评估工作，国家食品安全风险评估专家委员会进行食品安全风险评估，国家食品安全风险评估中心（风险评估专家委员会秘书处）承担风险评估具体工作。

　　国际社会普遍采用食品安全风险评估的方法评估食品中有害因素可能对人体健康造成的风险，并被世界贸易组织和国际食品法典委员会（CAC）作为制定食品安全监管控制措施和标准的科学手段。近年来，通过建立风险评估制度、组建风险评估机构、加强风险评估技术能力培训、夯实风险评估基础，初步形成了我国的风险评估体系，如针对食品安全风险评估工作需要，国家卫生与计划生育委员会将《新资源食品管理办法》依据《食品安全法》修改为《新食品原料安全性审查管理办法》予以发布。通过进一步完善我国风险评估技术规范体系，在规范和指导全国食品安全风险评估工作中发挥重要作用，如启动《食品安全风险评估管理规定（试行）》的修订工作，研究起草《食品中化学物健康风险分级指南》《食品一致病性微生物组合风险分级指南》《食品添加剂风险评估技术指南》《食品微生物危害风险评估指导原则》等技术规范草案；为配合《新食品原料安全性审查管理办法》的实施，发布《新食品原料安全性评估申报材料要求》和《新食品原料安全性评估意见撰写要求》，规范并指导风险评估机构开展新食品原料的风险评估工作。具体的风险评估工作及其主要成就有以下几个方面。

一、反式脂肪酸的暴露评估

针对媒体报道和社会关注的热点，完成了我国北京、广州等大城市加工食品的反式脂肪酸含量调查和健康风险评估，并发布《中国居民反式脂肪酸膳食摄入水平及其风险评估》报告。报告显示，加工食品消费量大的北京和广州居民，膳食反式脂肪酸供能比①低于WHO 建议的 1% 限值，也明显低于西方发达国家水平；仅有 0.4% 城市居民（多为在校学生）的反式脂肪酸供能比超过 WHO 建议值。由此得出如下重要结论：我国居民反式脂肪酸摄入量远远低于美国、日本和欧洲等国家，虽然有极少部分喜食焙烤类、快餐类食品的青少年人群的反式脂肪酸摄入超过 WHO 的推荐限量值，但 99% 以上的公众不必担心食物中正常存在的反式脂肪酸（见图 8）。评估报告一方面支持了我国《预包装食品营养标签通则（GB 28050—2011）》中关于反式脂肪酸的监管措施，另一方面，科学回答了长期困扰消费者的食品安全问题，澄清了以前媒体对反式脂肪酸的不实报道，消除了公众对反式脂肪酸的错误认识和无端恐慌。

---

① 是指反式脂肪酸提供的能量占全部膳食提供能量的百分比。

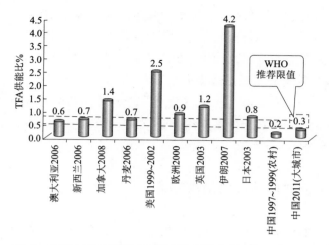

图 8　我国人群反式脂肪酸摄入量与部分国家资料的比较

二、四种化学物的风险评估

针对食品安全标准制定修订的需要，重点开展含铝食品添加剂、食品中铅、食品中塑化剂、酒中氨基甲酸乙酯 4 种化学物的风险评估，科学评价 4 种物质对公众健康的影响，有效推动了相关食品安全国家标准的制（修）订工作。

例如，铝的评估结果表明，从全国整体人群来看，我国居民铝的平均摄入量低于国际风险评估专家组织 JECFA 制定的安全耐受摄入量，但对单个消费者进行分析发现，有 32.5% 的个体的铝摄入量超过安全耐受摄入量，其中 4～6 岁儿童超过的比例最高，达到 42.6%。也就是说，针对油条、油饼、馒头、海蜇等使用含铝添加剂食品进行的风险评估，发现我国北方居民铝摄入量明显高于南方（见图 9），有 32.5% 的公众铝的摄入量超过安全限量。据此结果，食品添加剂使用标准（GB 2760—2011）启动了修订的工作，禁止硫酸铝钾和硫酸铝铵作为膨松剂用于发酵面制品，撤销膨化食品中 12

种含铝食品添加剂的使用等，有效保护了我国消费者的健康。含铝添加剂的风险评估工作有效推动了我国政府对含铝添加剂的管理并减低我国人群铝暴露及其所产生的健康风险。新标准实施并得到有效执行后，将使我国居民的铝摄入量降低68%，远低于WHO制定的安全耐受摄入量，有效保护我国消费者健康。

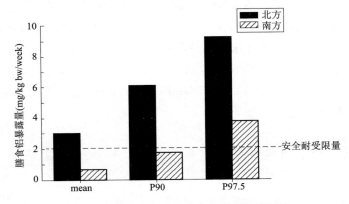

图9 我国南北方居民膳食铝暴露量的对比

再如，铅的风险评估结果显示，2001~2012年不同时间段，食品中铅的总体超标率呈明显下降趋势，反映出我国从20世纪90年代开始采取的一系列铅污染防治措施的有效性。但局部高污染（即点源污染）的情况仍然存在。与之对应，我国膳食铅暴露量和血铅水平明显下降。现阶段，虽然我国居民铅暴露的健康风险较低，但对于12岁以下儿童，膳食铅暴露引起智力下降的风险较高，需要引起重点关注。评估结果显示我国《食品中污染物限量》（GB 2762—2012）中畜禽肉、鱼和乳制品铅限量标准是适宜的，为维持上述标准提供了技术依据，特别针对CAC拟修订婴幼儿配方食品和蔬菜水果及其制品中的铅限量水平评估了我国的铅限量标准，若降低到CAC拟修订的限量水平，可对我国0~3岁婴幼儿的健康起到重要的保护作用，这将成为修订婴幼儿配方食品铅限量标准的重要依据。

特别是完成的塑化剂风险评估结果显示，我国目前谷类、蔬菜、奶类等 24 类主要食品中塑化剂平均含量与其他国家报道的水平基本一致。该项评估工作为暂不需要制定食品中塑化剂限量标准提供了科学依据，同时发现了需要重点关注的食物品种，如 DBP、DIBP 和 DEHP 三种塑化剂在食品中的存在更为普遍，应引起关注。白酒和植物油两类食品中塑化剂含量较高，如白酒中的 DBP 平均含量超过原卫生部发布的最大残留限量 1 倍以上，需要加强这类食品的监管。风险监测没有发现白酒行业非法添加行为的存在，评估分析发现塑料输酒管道中塑化剂迁移是导致白酒中塑化剂含量较高的主要原因。国家食品安全风险评估专家委员会基于风险评估结果认为，白酒中 DEHP 和 DBP 的含量分别在 5.0mg/kg 和 1.0mg/kg 以下时，对饮酒者的健康风险处于可接受水平。

三、应急风险评估

针对可能影响国际贸易的食品安全问题，开展了新西兰乳制品中双氰胺、墨西哥龙舌兰酒中甲醇等 5 项应急风险评估，分析评估食品中隐患的健康危害程度，为我国与新西兰、马来西亚、墨西哥、欧盟协调处理相关贸易问题提供了科学依据。

2013 年，我国针对政府监管需要和社会关注热点，开展了新西兰乳制品中双氰胺、龙舌兰酒中甲醇、马来西亚毛燕（未经清理加工的屋燕来源燕窝）中亚硝酸盐、海蜇中铝、葡萄酒中生物胺、生湿面制品中曲酸的应急风险评估。针对我国台湾地区问题淀粉添加顺丁烯二酸、新西兰乳粉检出厌氧菌（生梭芽孢杆菌）、进口葡萄酒检出富马酸、中链甘油三酯作为普通食品原料等问题，提出风险评估和管理措施建议。为判定事件性质、提出处置建议、回应社会关切提供了科学依据，相关部门根据应急风险评估结果及时采取了应对措施。

根据应急风险评估结果，国家卫生与计划生育委员会确定了乳制品中双氰胺事件的性质和风险程度，及时与新西兰沟通，联合采取相应处置措施；与马来西亚卫生部联合讨论制定毛燕中亚硝酸盐限量标准的必要性，最终解决了中国与马来西亚的燕窝贸易问题；向外交部提交龙舌兰酒在现有饮酒习惯下不存在安全性问题的科学证据，制定了进口龙舌兰酒的管理措施，为推动我国与墨西哥的国际贸易提供了技术支持；启动了含铝食品添加剂在海蜇中使用标准的修订工作。国家食品药品监督管理总局利用应急风险评估结果，确定了婴幼儿罐装食品中汞含量超标问题的波及产品和范围，并对风险较大的产品采取了相应的监管措施。

四、微生物风险评估

针对行业生产规范的技术需求，开展鸡肉中空肠弯曲菌等 4 项致病微生物风险评估，重点分析从屠宰到流通各环节的污染状况和影响因素，评估结果显示，我国零售阶段整鸡样品的弯曲菌污染率达 44.9%，我国居民通过食用鸡肉罹患弯曲菌病的风险较高。评估工作为控制鸡肉弯曲菌污染提供了科学建议，包括在肉鸡屠宰和流通环节推广冷冻保存，预防冷冻后交叉污染等。

第二节 食品安全风险监测

一、食品污染物及有害因素监测结果与分析

食品安全风险监测是《农产品质量安全法》和《食品安全法》确立的一项基本法律制度，也是国际食品安全监管领域通行的科学工作方法，主要用于了解地区食品安全状况，分析食品污染物及食

品中有害因素的污染水平和趋势、分布及可能来源，评价食品安全标准的执行效果等。风险监测计划由国家卫生与计划生育委员会会同国家食品药品监督管理总局制定并联合相关部委共同发布，由省级政府制定具体实施方案执行；监测结果是食品安全风险评估、标准制（修）订、风险预警和监管措施制定的科学基础。截至 2013 年年底，在全国 31 个省（区、市）和新疆生产建设兵团共设置监测点 2 142 个（见图 10），覆盖了 100% 的省级、98% 的地（市）级和 74% 的县（区）级行政区域，比 2012 年提高了 22.7%（图 10）。截至 2013 年年底，在全国 2 142 个县（区）共设置 10.54 万个采样点（图 11），全年共监测了 29 类，42 万余件食品样品，涵盖 307 项指标，获得 493 万余个监测数据，样品数量和监测数据量比 2012 年增加了一倍以上。

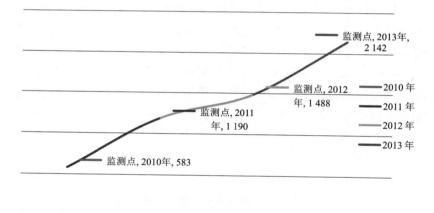

图 10　2010~2013 年风险监测点变化

中央财政对食品生产经营监管工作的经费支持力度较 2012 年增幅达 301%，主要用于保障食品安全专项整治、食品安全风险监测、食品安全监管人员队伍能力建设等。国家发展改革委安排食品药品监管系统食品安全检（监）测能力建设专项中央预算内投资 5.5 亿元，安排质检系统食品安全检（监）测能力建设专项中央预算内投资 12 亿元，主要支持各级食品安全监（检）测机构购置相关仪器设

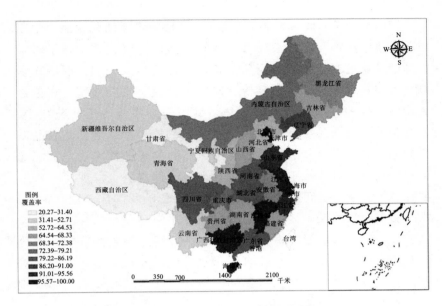

图 11   2013 年风险监测点覆盖密度的区域分布

备，安排卫生部门食品安全能力建设中央预算内投资 1 亿元、粮食局食品安全能力建设中央预算内投资 1 亿元、安排农产品质量安全检验检测体系建设中央预算内投资 12 亿元，用于以上部门食品安全检测设备购置（见图 12）。

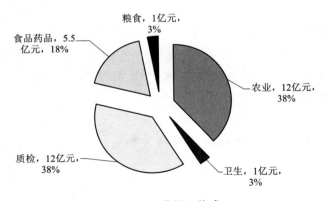

图 12   经费投入构成

《2013 年国家食品安全风险监测计划》，将婴幼儿食品、禁用农药、违禁药物和非法添加等作为重点监测内容，并加强了对学校周边及农贸市场等重点场所的监测。监测结果表明：婴幼儿食品、大宗农副产品和乳制品等食品中重金属、农药残留、真菌毒素和微生物的污染状况较为平稳，禁用药物违法使用情况减少，熟肉制品和调味品中非法使用工业染料的检出率、婴幼儿食品微生物指标的不合格率、熟肉制品中致病菌的不合格率均呈下降趋势；食品中放射性水平监测未见异常。通过监测也发现了一些需要关注的食品安全问题。一是因环境污染影响我国部分地区蔬菜、水产品重金属污染较为严重，动物性食品中存在持久性有机污染物污染问题；二是温暖潮湿气候环境、特殊土壤条件等导致部分南方地区种植的小麦中存在真菌毒素污染问题；三是水体中天然存在的微生物导致直接入口食品污染，如生食动物性水产品中副溶血性弧菌检出率超过 10%，并呈逐年上升趋势；四是存在超量或超范围滥用食品添加剂问题，如熟肉制品中亚硝酸钠超标率为5.48%，葡萄酒中甜蜜素、糖精钠和安赛蜜检出率分别为 8.51%、11.47% 和 11.65%，膨化食品中铝超标率为 3.29%；五是存在非法添加乌洛托品、碱性嫩黄、过氧化苯甲酰、孔雀石绿、罗丹明 B等非食用物质滥用现象。

同时，农产品质量安全风险监测在 153 个大中型城市有序开展，全年监测样本量达 45 万个。监测结果显示，我国食品安全水平总体稳定向好。初级农产品中蔬菜、茶叶、畜禽产品和水产品监测合格率分别为 96.6%、98.1%、99.7% 和 94.4%，同比分别上升 0.6%、5.1%、0.1% 和 3.9%（见图 13）。

二、食源性疾病监测结果与分析

食源性疾病监测网络已形成食源性疾病暴发报告、食源性疾病监测报告和食源性疾病分子溯源网络三个信息系统。截至

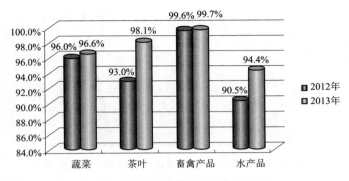

图 13 初级农产品监测合格情况对比

2013 年年底，在全国 31 个省（区、市）和新疆生产建设兵团的 3 136 个县级以上疾病预防控制机构（见图 14）、1 600 家哨点医院设置了监测点，覆盖全国 80% 的县（区）级行政区域。我国基本建立了覆盖全国的食源性疾病监测报告系统，开展食源性疾病发病趋势及病因分析，提高发现食品安全系统性风险的能力。随着监测网络的健全和监测能力的提高，食源性疾病暴发事件的报告数量呈逐年上升趋势。2013 年共报告暴发事件 1 001 起，监测个案病例 78 977 人（见图 15）。2011 ~ 2013 年各类致病因子引起的事件数、患病人数、死亡人数、发生场所比较分别见图 16 ~ 图 19。

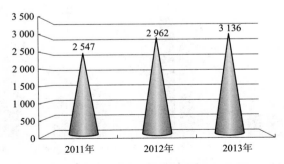

图 14 2011 ~ 2013 年参与食源性疾病监测的疾控机构数量

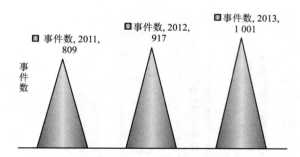

图 15　2011~2013 年食源性疾病暴发事件数量比较

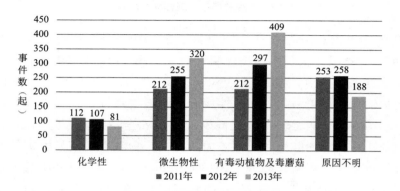

图 16　2011~2013 年各类致病因子引起的事件数比较

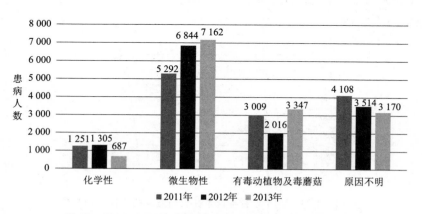

图 17　2011~2013 年各类致病因子引起的患病人数比较

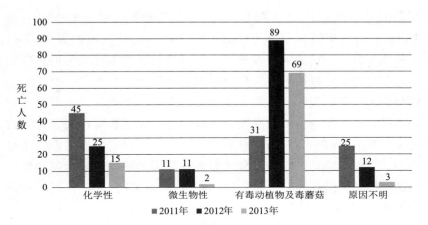

图18 2011～2013年各类致病因子造成的死亡人数比较

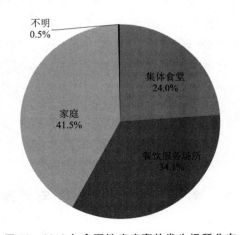

图19 2013年食源性疾病事件发生场所分布

监测结果显示：一是副溶血性弧菌、沙门氏菌、金黄色葡萄球菌及其肠毒素和蜡样芽孢杆菌等致病微生物导致的食源性疾病是我国首要的食品安全问题，引起的患病人数最多，占报告总数的49.7%；二是化学性因素导致的食源性疾病呈逐年下降的趋势，但亚硝酸盐和农药引起的健康风险需重点关注。餐饮服务单位违规使用亚硝酸盐引起的事件数和死亡人数占化学性因素的 **69.0%** 和 **40.0%**，蔬菜和粮食中农药导致的死亡数占化学性因素的 **46.7%**；三是集体食堂、宾馆饭店等集体供餐单位是暴发事件发生的主要场所，发生的事件数和患病人数分别占总数的 **58.1%** 和 **75.5%**；四是即时加工食品是引起暴发的主要病因性食品。果蔬食品及蘑菇、肉类食品、水产品等引起的暴发事件数、患病人数和死亡人数分别占总报告数的 **76.8%**、**74.5%** 和 **74.4%**，多由于加工制作过程中原料污染、交叉污染及未能彻底蒸熟煮熟等原因造成；五是预包装食品的风险较低，引起的暴发事件数、患病人数和死亡人数分别占总数的 **5.0%**、**7.8%** 和 **6.7%**。

通过病例监测、事件报告和溯源调查，为食品安全监管部门成功开展生产、加工、流通全过程的追踪溯源提供重要技术支持。例如，在北京跨区同源暴发的食源性肠炎沙门氏菌事件处置中，通过怀柔区和房山区共 89 名散发病例的聚集性识别，利用溯源技术，实现病例、病因性食品与致病因子的关联，成功溯源到大兴区香味村食品有限公司生产的"香味村牌"麦辣鸡腿汉堡为病因性食品，大连成达食品集团有限公司供应的鸡肉原料为污染源。

第三节　食品安全风险预警与风险交流

食品安全风险交流是食品生产经营者、监管者、消费者等各相关方交换意见看法和凝聚共识的重要方式，对于提升监管效能、维护消费信心、促进产业良性发展具有重要意义。

结合食品监管体制改革，国家食品药品监督管理总局建立了食品安全风险交流专家委员会，并在各地区、各部门正逐步建立专门的新闻宣传机构和风险交流部门，完善风险交流工作机制，出台了相关技术指南，编制科普材料，开展能力培训，对突发事件和重大舆情进行专项跟踪监测，积极组织专家化解舆论疑虑，平息舆情风波。通过与各类媒体建立合作机制，以专题、专版、专栏等方式开展政策解读、解疑释惑，有效传递科学理念。

针对食品安全风险监测结果，各相关部门建立了会商机制，定期对监测中发现的食品安全隐患进行会商，研究应对措施。例如，2013 年 4 月，监测发现以深海鱼为原料制成的婴幼儿罐装食品存在汞超标问题后，国家卫生与计划生育委员会及时通过会商机制向监管部门通报信息，监管部门经过进一步抽检核实后，立即采取了产品下架和召回措施，有效地消除了风险隐患，体现了风险监测在食品安全工作中"侦察兵"的作用。

对于风险评估结果的风险交流工作也跨出了可喜的一步，反式脂肪酸和含铝添加剂等风险评估报告经过国家批准在国家食品安全风险评估中心网站予以全文公布，对塑化剂的风险评估报告在国家卫生与计划生育委员会、国家食品药品监督管理总局和国家食品安全风险评估中心网站进行风险监测预警的解读，这对于食品安全科学技术实现惠民起到重要作用，如塑化剂的风险评估结果是从保护健康角度得出的，未考虑其他相关因素，因此，不是食品安全国家标准，也就是说，即使在抽检时发现 DEHP 或 DBP 超过这个水平，监管部门也不能判定产品不合格，但这一结果对消费者和监管者都有很好的指导作用。首先，对于消费者来说，这个评估结果告诉我们，不必为白酒中可能含有塑化剂而担心，只要白酒中 DEHP 不超过 5mg/kg 和/或 DBP 不超过 1mg/kg，就是安全的，但是如果经常喝 DEHP 超过 5mg/kg 和/或 DBP 超过 1mg/kg 的白酒，就有可能对健康造成危害。不过，需要指出的是，如果经常喝白酒，过量摄入酒精的危害更加需要引起消费者的重视。由于科学家在评估中采取了比较保守的估计，如果偶尔喝 DEHP 超过 5mg/kg 和/或 DBP 超过 1mg/kg 的白酒，并不会造成健康危害。而对于监管部门来说，如果发现白酒产品中的 DEHP 含量超过 5mg/kg 和/或 DBP 含量超过

1mg/kg，就说明企业生产过程中可能存在污染，应该进一步调查原因，同时要求企业进行整改，直至 DEHP 和 DBP 含量降低到正常水平。

2013 年，中国政府重点加强了食品安全权威信息的发布，着力解决信息不对称导致的公众对食品安全的不信任。全年食药总局召开新闻发布会 6 次、新闻通气会 3 次，集中发布外网动态消息 300 余条。全国共有 6 089 家媒体参与新闻报道，累计报道 7 万余条。其中，中央电视台播报 718 条（新闻联播 24 条），中央人民广播电台播报 120 条，新华社、新华网刊发 880 余条，人民日报、人民网刊发 1 500 条。与 2012 年相比，信息发布数量呈大幅上升趋势，尤其是在全国范围内有影响力的主流媒体发布信息次数增加明显，以详尽的事实、有力的数据，向社会展现了中国在加强食品安全监管、打击违法违规行为等方面出台的重大政策和采取的重要举措。

在协同共治理念的指引下，以政府部门主导、社会多方共同参与的食品安全风险交流工作格局初现雏形。例如，13 个部委联合举办的食品安全宣传周活动，全国共有 12 万余名监管人员、4 000 余名专家学者、3 500 万余名从业人员参与，上百家媒体发布新闻报道近 2 万篇、微博话题 30 多万条，营造了全社会共同关心、支持和参与食品安全工作的良好氛围。此外，相关研究机构、学会、协会发挥专业优势，广泛开展进校园、进社区、进媒体等科普宣教活动；举办机构开放日活动，让公众近距离体验科学；以信息图、微视频等群众喜闻乐见的形式传递科学知识；对舆论中存在的典型误区，有图有真相地回应公众关切。

各相关监管部门针对食品安全问题开展了监督抽检工作，发现的不合格食品主要表现在微生物指标不合格、食品中真菌毒素等污染物超过限量、非法添加非食用物质以及滥用食品添加剂等，其中，非法添加物主要有罗丹明 B、苏丹红、碱性橙、碱性嫩黄。滥用的食品添加剂主要有甜味剂、着色剂、防腐剂等。抽检不合格食品生产企业大多为小微企业，反映出这些生产企业在卫生条件、原材料使用、生产经营过程控制上存在缺陷（见图 20）。

图 20　监督抽检发现的问题

2013 年，我国在监督抽检等监管信息的发布方面也取得长足进步。一是有计划、有步骤地公布了小麦粉等 11 类食品国家监督抽检结果。在探索监督抽检信息规范化发布的同时，正积极尝试将科普知识融入其中，让政务信息真正看得懂、可操作。二是深入开展四个药物残留监控计划，每季度进行会商分析，及时发现问题和隐患并发出预警提示，督促地方、行业整改提高。三是及时将监测发现、投诉举报和依法查处的食品、保健食品的严重虚假违法广告向社会通报曝光，戳穿违法广告的伪装，教会消费者识别的方法。以上举措表明，监管信息公开已经从机械化的告知公众转变为服务公众，这符合建设服务型政府的大局，也是有关部门今后继续努力的方向。

第四节　食品安全事故应急管理

国务院在食品安全监督管理体制调整后，修改并完善了《食品安全事故应急预案》。2013 年，共收到食物中毒类突发公共卫生事件报告 152 起，中毒 5 559 人，死亡 109 人。与 2012 年同期相比，报告起数减少 12.6%，中毒人数减少 16.8%，死亡人数减少 25.3%。2013 年，无重大及以上级别食物中毒事件报告；报告较大级别食物中毒事件 76 起、中毒 1 099 人、死亡 109 人；报告一般级别食物中毒事件 76 起、中毒 4 460 人。从事件原因分析来看，微生物性食物中毒事件的中毒人数最多，主要是由沙门氏菌、副溶血性弧菌、金黄色葡萄球菌及其肠毒素、大肠埃希菌、蜡样芽孢杆菌、志贺菌及变形杆菌等引起的细菌性食物中毒。为预防学校食物中毒，国家食品药品监督管理总局、教育部下发了《关于加强学校食堂食品安全监管预防群体性食物中毒的通知》，并联合开展学校食堂餐饮服务食品安全监督检查工作。

在食品安全应急事件中，监管部门进一步加强了信息核实与查处工作，及时启动检验检测、事故调查等应急响应，上下联动、协同配合，发布信息、科学解读，妥善处置了镉超标大米、赣南脐橙催熟、恒天然奶粉、反式脂肪酸、染色花生、瞎果饮料、假牛羊肉、假乡巴佬鸡蛋、美素丽儿奶粉、学校食物中毒等事件，有效减少了损失和影响。

在食品安全事故查处中建立了行刑衔接的机制。出台了《最高人民法院、最高人民检察院关于办理危害食品安全刑事案件适用法律若干问题的解释》，密织惩治危害食品安全犯罪的法网，为严惩危害食品安全及相关职务犯罪提供有力法律保障。根据国务院食品安全委员会的统一部署，2013 年，公安部门开展了为期一年的"打击食品犯罪，保卫餐桌安全"专项行动，作为全年深化"打四黑除四害"的重点，分四个阶段部署各地持续开展以肉制品、食用油、乳制品以及在农药、兽药、饲料中非法添加的食品源头犯罪等为重点的集中打击行动，挂牌督办重大案件 881 起，侦破食品犯罪案件 3.4 万起，是 2012 年破案总量的 2.6 倍，抓获犯罪嫌疑人 4.8 万名，捣毁"黑工厂""黑作坊""黑窝点""黑市场"1.8 万个。各级检察机关强化批捕起诉工作，及时办理了一批危害食品安全犯罪及相关职务犯罪案件。各级法院依法审判危害食品安全犯罪案件，对影响恶劣、危害大的重大案件依法从重、依法从快判处。全国特大制售"地沟油"案中，主犯柳立国被判处无期徒刑，其余 6 名被告人被判处 7~14 年不等有期徒刑。

第五节　政策建议

国家食品安全监管需要建立在风险分析框架上，国际成功经验表明，食品安全标准和风险预警等风险管理措施依赖于食品安全风险评估结果；风险监测不仅是风险评估的基础数据来源，也是风险管理措施评估的重要依据。如何建设国家食品安全风险监测评估体系、提高检验检测和应急处置能力、加快食品安全信息化建设、完善食品安全标准体系，需在深入调研的基础上才能提出建设性意见，从而为国家有关部门构建具有公信力、高效运行的食品安全风险评估与风险管理体系提供决策依据。

一、进一步完善食品安全风险评估体系

食品安全风险评估是我国《食品安全法》确定的食品安全风险监测、风险预警、风险交流、标准制定和事故处置等多项制度的核心，是将大量风险监测数据转化成科学结论，并为风险预警、风险交流、标准制定、事故处置和危机处理提供技术依据的关键环节。我国正处于食品安全风险隐患凸显和食品安全事故高发阶段，只有通过食品安全风险评估，才能科学判断风险隐患，并有针对性地制定和完善监督管理措施。《食品安全法》规定，制（修）订食品安全标准应当以风险评估结果为基础。当前正在开展的食品安全标准清理工作，需要对几百项指标开展系统风险评估，为标准的制（修）订提供科学依据。

2006 年颁布实施的《农产品质量安全法》，首次引入了风险分

析与风险评估的概念，确立了风险评估的法律地位。2009 年颁布实施的《食品安全法》，明确我国建立食品安全风险评估制度，详细规定了风险评估的内容、实施主体、原则和作用。

为了应对不断暴露的食品安全问题，国际社会普遍采用了食品安全风险评估的方法，通过分析消费者的膳食结构，科学评估食品中有害因素可能对人体健康造成的风险，并根据评估结果提出食品安全事件处置意见，为制定食品安全标准和政策、发布预警提供科学依据。联合国粮农组织和世界卫生组织建立联合的风险评估专家组织，发达国家和地区均有自己的风险评估机构。

不同国家和地区的风险评估体系不同，导致其建设思路和评估程序略有不同。总体来说，国外风险评估具有如下特点：受政府重视程度以及国家总体经济的影响，发达国家在风险评估领域的投入巨大。国外风险评估的工作网络与体系建设完备，机构内部设置合理，人员配备充足，这是有效开展风险评估工作的基础保障。由于经费投入大、内部设置合理、人员素质高、技术先进，这些机构或者国家风险评估工作网络能够快速应对突发食品安全事件并在第一时间公布评估结果。

我国的风险评估制度和工作机制仍然不够健全。《食品安全法》未明确规定风险评估的实施主体。而且在风险评估结果公布和应用上表述模糊，导致目前大部分食品安全风险评估工作始终处于未公开状态，社会利用度和知晓度低。另外，《食品安全风险评估管理规定》未明确规定各类评估机构的职责、任务和分工；未明确国家与地方，部门与部门、风险评估专家委员会与技术机构等之间的相互关系；对评估过程的规定和管理不明晰。受旧有分段监管模式的影响，《食品安全法》和《农产品质量安全法》规定的风险评估制度，在具体实施时面临着合作机制尚未有效建立的问题。我国的风险评估工作起步较晚、基础积累少、能力薄弱，相关资源保障无法满足工作需要。现有风险评估资源未形成合力，风险评估数据分散在不同部门，数据共享存在明显的部门屏障，无法形成统一的共享资源和平台。我国食品安全风险评估尚未形成高效的工作机制和模式，评估与标准工作在程序上还缺乏有效衔接；评估机构缺乏独立性。

建议同步推进风险评估法规体系和技术体系的建设。加强风险评估法规体系的完善以及与其他相关法规体系的衔接，重点在界定和明晰相关部门及单位的职责和关系上下工夫；制定风险评估结果发布程序，明确规定各类风险评估结果的发布权限和审批流程，保证风险评估机构在结果发布上具有独立性，树立风险评估机构的技术权威性。做好全国风险评估工作的顶层设计，以全局眼光构建国家卫生与计划生育委员会、国务院食品安全委员会办公室和农业部为主导的理事会制度，建立食品安全和农产品质量安全的分工协调机制，以国家食品安全风险评估中心为龙头和充分利用社会资源的分中心、协作中心和监测评估实验室的组织体系。同时根据需求，加快包括人才队伍、技术规范、基础数据系统在内的技术体系建设。

建议重点加强风险评估基础性建设，在国家层面形成技术合力。在全国风险评估技术网络建设方面，大力扶持国家食品安全风险评估中心的发展，将该中心打造成全国风险评估技术资源中心和专业培训基地。在部门设立风险评估中心分中心，在省级技术机构设立技术合作机构，构建国家层面以及从国家到地方的立体风险评估技术网络。同时通过出台食品安全信息化建设的相关政策，借助食品安全信息网络建设，建立风险评估资源尤其是数据资源的共享机制和平台，从技术实体和资源共享方面形成全国风险评估的技术合力。

建议加大科技投入和资源配置，尤其是地方资源的引入，建立一批食品安全风险评估国家重点实验室，开发具有自主知识产权的评估技术和信息资源，在国际上发挥关键领域的引领作用。在技术研发与应用上开展国际合作，共同参与新兴危害因素的风险评估与管理决策，逐步融入国际风险评估领域，建立国内、国际专家互用的工作模式和机制，逐步树立我国风险评估的国际权威地位。

二、整合食品安全风险监测与预警体系

食品安全风险监测是开展食品安全风险评估、制定标准和国家相关方针政策的重要基础。按照《食品安全法》的要求，国家食品安全风险监测计划由国家卫生与计划生育委员会会同国家食品药品监督管理总局并在其他食品安全相关部门参与下共同制定，在实际实施过程中则是由卫生计生、质检、食药和粮食等部门独立开展各自的监测工作。国家卫生与计划生育委员会开展的监测是"计划"中最为重要的组成部分，监测以流通环节的产品为主，种养殖和生产环节为辅。国家食品药品监督管理总局主要对粮食、蔬菜等食品加工原料、各类加工食品、餐饮食品和保健食品开展标准符合性监测。国家质量监督检验检疫总局主要对食品包装材料开展风险监测。国家粮食局针对大米和小麦等主要原粮开展重金属、真菌毒素和农药残留的监测。农业部除按照职能分工开展生猪屠宰环节的监测外，更主要的是依据《农产品质量安全法》，针对生产基地种植的初级农产品开展监测，后者不包括在国家食品安全风险监测计划范围内。

发达国家和地区食品安全监测的主要特点如下。

（一）目的明确

各国根据本国的食品安全现状建立相应的食品污染物监测体系，虽然每个国家监测形式、采用的监测手段和负责食品污染物监测的部门都各不相同，但总体而言其目的都极为明确。

（二）形式简单

从当前较为成功的监测案例看，监测形式都力求简单，多数监测针对某一项目，其作用是：（1）使执行者可以方便地掌握计划设计的目的和期望达到的效果；（2）执行过程中受到的干扰比较小；

（3）针对计划可选择最优秀的实验室参与监测工作；（4）便于形成简明扼要、针对性强的总结报告。

（三）设计科学

当前成功的监测活动主要都得益于其设计科学，需根据监测目的和监测对象的特点考虑是否采用代表性监测、针对性监测或是标准执行效力监测，其考虑原则主要是：（1）达到的目的；（2）以往的基础；（3）现有的经费和检测能力。根据主要成功监测类型分析可以看出，监测设计也都是需要在不断摸索的基础上根据其实施要求和效果进行不断地修正。

（四）执行有力

监测工作如想达到理想的效果，除设计科学的方案外，严格按照计划中的要求执行是非常必要的。

当前我国食品安全风险监测存在的主要问题是：（1）以最终产品为主的风险监测存在缺陷，缺乏"从农田到餐桌"的全方位统一监测，理论上，农业部门开展的初级农产品风险监测工作完全应纳入国家食品安全风险监测计划；（2）食源性疾病监测报告体系不健全、溯源预警能力不足；（3）工作分散，部门界限导致重复性监测；（4）监测结果利用率低，经费投入产出效益差；（5）未能充分利用行业外的检测技术机构。

建议落实"统一计划实施、统一经费渠道、统一数据库、统一数据分析"制度，实现我国食品安全风险监测工作科学化、规范化，集中全国在食品安全领域的各方面力量，以最小的投入获得最全面的食品安全风险信息，全面且科学地在我国开展食品安全监管。

建议贯彻食品污染监测以"源头和过程监测为主，终产品监测为辅"的原则，将问题解决在"萌芽"状态，使得监测工作发挥出更大的作用。

建议健全食源性疾病监测报告体系，提高溯源调查能力，加强监测数据的综合利用能力，建立食源性疾病与食品污染监测数据共享和信息综合应用平台，按照属地化使用原则，将监测关口前移，最大限度地发挥监测数据在早期识别和早期预警食源性疾病暴发和食品安全隐患中的作用。

三、建立以第三方为主体的风险交流机制

"风险交流"（也称为"风险沟通"）是一门涉及多领域、多学科的新兴科学，是风险分析框架的重要组成部分。目前，遵循风险分析框架已经成为国际上应对和处理食品安全问题所公认的科学原则和手段。然而风险交流也是我国食品安全体系中最薄弱的一环，我国食品安全风险交流面临诸多困境与挑战。从食品安全风险的角度讲，社会经济的发展和科技水平的进步，使得风险的"出镜率"大大提高，公众面对越来越多的风险信息。食品安全风险的易感性、普遍性和歧视性也使它具有很强的情绪激惹性。以转基因、纳米技术为代表的新技术、新产品带来的风险不确定性令不少人心存疑虑。学术界针对风险的争论也让公众感到无所适从。

从政府的角度看，风险交流意识淡薄、缺乏交流技巧是普遍现象。政府没有从知情决定的伦理学角度理解风险交流的意义，而是将风险交流理解为出了事情之后的危机管理和科普宣传，将风险交流手段作为平息事态和安抚公众的工具，忽略了风险交流与日常工作的融合。由于风险交流工作费时费力，却又很难有立竿见影的产出，因此，人员、经费等保障条件也很难得到满足。尽管政府在信息公开方面已取得很大进步，但以各种理由"不宜公开"的情况还比较常见，进一步加深了公众在食品安全风险信息上的滞后和不对称，损害了政府机构的信誉度和形象。有时领导的高度重视反而变成束缚风险交流的障碍，不少专家和官员也是因为这样的政治压力，不愿意站出来说话。另外，政府的风险交流渠道太局限、方式太僵

化，未能形成有效的公众交流。

从社会的角度看，政府、学术界、媒体、公众之间缺乏互信是风险交流的主要障碍之一。信任难以建立却极易破坏，然而我们别无选择，重建信任是必由之路也是唯一出路。中国已经进入"中等收入陷阱"，食品安全问题不能简单归结为监管不力或政府不作为，它只是各领域矛盾集中暴发的一个缩影。我国食品生产的小散乱现状必然导致监管难度大，食品安全事件频发多发。

从公众的角度的讲，公民意识的觉醒使得公众的参与意识与法律意识不断提高，他们不仅要求知情权也希望参与监督。然而我国公民的科学素养偏低，仅相当于欧美发达国家 20 年前的水平。人们普遍缺乏独立思考和批判性思维，这也是各种荒谬言论泛滥的原因之一，如果不能及时纠偏很容易在公众中形成错误舆论导向。目前，错误的食品安全观和片面的食品消费观已然形成，食品安全领域的污名化现象十分明显。公众的负面情绪是风险交流的最大障碍，食品安全正呈现政治化趋势，有可能影响风险评估和风险交流偏离科学轨道。

从媒体传播的角度看，媒体对食品安全风险的报道与公众对食品安全风险的关注产生了共鸣效应，两者的共鸣放大了公众对食品安全风险的感知，在科学的声音缺失的大环境下，公众看到的基本上都是负面消息。我国缺乏一支有科学素养的记者队伍，以市场化为导向的媒体环境也挤压了科学传播的空间。媒体从业人员的职业道德有待进一步提高，夸大其词、耸人听闻、断章取义、移花接木、冒用他人名义甚至虚假信息屡见不鲜。新媒体的崛起带来了巨大挑战，迫切的问题已不再是"是否使用新媒体"，而是如何趋利避害，尽早有策略地予以使用。对媒体的科学引导和规范机制尚未健全，新媒体的舆论环境对政府应对和管理风险信息的效能提出了新的挑战。信息过剩产生明显分众化趋势，还容易造成盲从。

从风险交流的角度讲，食品安全风险的普适性使我们要面对全社会这个巨大的受众群体。而我国的风险交流工作起步较晚，学科建设比较滞后，机构建设不完善，基础研究薄弱。风险交流专业人才匮乏，而政府管理人员和科研技术人员几乎不了解风险交流的基本理论、方法和技巧。

风险交流的重要意义：一是帮助公众科学理解风险信息，弥合科学家、管理者、媒体、公众之间的认知差异。二是鼓励利益相关方交换意见，提高风险管理水平，提高风险决策的可行性、合理性。三是通过重建消费者信心和监管者、生产者信誉，促进食品行业、产业和食品贸易的健康发展。四是风险交流符合以人为本的人文精神，是新时期执政方式的必然选择。为此，特提出以下建议：

从政府的角度，首先是加强风险交流制度建设，加快完善地方政府的食品安全信息披露工作，增强及时性和充分性，为日常风险信息交流、突发事件处理和回应热点关切提供制度保障。第二是建立多方协作机制，努力使风险交流、风险评估、风险管理、应急管理等工作形成有机整体，鼓励和引导各利益相关方参与风险交流活动。重视媒体在食品安全知识传播、食品安全隐患挖掘中的重要作用，与媒体建立富有成效的工作关系。第三是加强风险交流专业机构建设，尤其是加强国家食品安全监管部门和国家食品安全风险评估中心的风险交流部门的合作建设。第四是着力培育民间交流平台，尽快出台扶持性政策，鼓励和支持有资质的民间平台的合法注册和运行，与政府风险交流部门相辅相成。第五是加强风险交流能力建设，对各级官员及有关专家开展风险交流技能和媒体应对技巧的培训，同时要对风险交流者所犯的错误保持一定的宽容态度，鼓励他们勇敢地走出去、说出去。第六是建立灵敏、高效的舆情监测反应体系，争取做到早期发现、分级响应，及时为管理决策部门提供对策建议。第七是培育以科学家为主体的"意见领袖"群体，发挥学界在食品安全舆论中的导向性。第八是加强科研投入和工作经费保障，重大科研项目的预算中应当有用于科学传播和风险交流的经费，国家重大专项研究要在立项时为风险交流单独列题。

从社会与公众的角度，第一是加强科普知识宣传力度，尤其是加强学校、超市、餐饮服务单位等与食品安全密切相关场所的宣传力度，力争提高全社会的食品安全基本知识知晓率。第二是引导社会力量参与食品安全监督，增加食品安全管理与决策的透明度，建立国家监督和社会监督相结合的监督体系。

从媒体的角度，第一是加快培育科学传播人才队伍，逐步实现媒体工作的专业化。加强现有媒体工作者的再培训，加强科研人员基本传播规律的学习，在现有的高等教育中普遍增加科学传播课程的教学。第二是加强从业人员道德约束，加强职业道德教育，同时要注意微观真实与宏观真实的把握，避免片面报道。第三是充分利用经济杠杆，鼓励媒体从业人员从事科学传播工作。第四是加强新媒体的研究投入及应用，培养新媒体的专业化人才。

从风险交流学科的角度，第一是加快学科建设，制订人才发展规划，有计划地培养一批具有较高科学素养，并掌握风险交流技能的专业工作队伍。第二是加强风险交流基础研究，尤其是风险认知研究，探索一整套适合国情、民情的交流方法和技巧。第三是加强媒体发展趋势和传播规律的研究，开发以语义分析和算法模型为核心的舆情信息深度分析技术，为舆情早期应对提供参考依据。

四、提升检验检测和应急处置能力建设

我国食品检验检测机构数量庞大，机构同质化严重，设备利用率较低，存在明显的重复建设；以合格评定和食源性疾病病因鉴定为实施主体的基层检验检测机构基础薄弱、分布不均，合格检验人员缺乏、队伍整体素质不高；不同部门检验检测机构职能交叉重叠，数据资源难以共享，尤其在应急处置时，职责界限明显，互相推诿。尽管国务院机构改革已经开始划转整合食药、质检（不包括出入境检验检疫）等部门的检验机构与装备，但由于本位主义使得人员、编制和设备划转困难，有可能会形成新的重复建设。

与我国现行的依照分段监管模式设置检验检测技术机构完全不

同，欧盟和美国按照品种分类管理、强制性检验与监督检验相结合的方式设置检验检测技术机构。欧盟和美国等有关国家和地区也非常注重发展第三方检验机构，以提高检验服务的范围及检验结果的公正性。

我国检验检测和应急处置体系的主要问题：（1）检测技术体系不健全，由于机构调整难以实施规划目标。（2）检验检测工作缺乏保障，尤其是疾病预防控制机构和国家食品安全风险评估中心，人员、设备均存在巨大缺口。（3）由于检验检测技术机构服务于各部门，既存在工作量不足、服务范围有限，又存在设备闲置、资源浪费等，且有些机构将官方实验室作为创收的窗口，检验结果的公信力差。（4）资质认证与管理水平欠缺，存在追求资质认定结果的现象。

建议：（1）加强规划，突出体系建设。随着政府食品安全监管职能的调整，整合现有食品检验检测技术机构资源，避免重复建设。重点加强国家食品药品监管总局监督执法的技术支撑力量建设，整合质检部门的检验检测机构实现编制、人员和设备的整体划转，尽快形成加工食品及其原料的合格评定能力；卫生部门尽快落实发改委和原卫生部的食品安全风险监测能力建设方案，重点加强风险隐患排查、食源性疾病监测中病因学鉴定、溯源平台和耐药菌的检测能力建设，支撑风险评估和标准制（修）订工作；农业部门加强初级农产品检验和风险监测能力建设。形成国家食品药品监管总局、国家卫生计生委、农业部三位一体的保障能力。（2）加强国家食品安全风险评估中心能力建设，充分利用各部门现有检验资源，建立合作中心，将国家食品安全风险评估中心建设成为具有国际影响力的食品安全权威技术支持机构。（3）统筹考虑地域分布和实际监管工作需要，加强各级食品安全检验检测机构能力建设。（4）在县级推进检验检测资源整合。建立食品安全综合检测中心，共享检验信息。加强国家食源性疾病病因学鉴定实验室，负责区域内食源性疾病病因最终鉴定，对各省级疾病预防控制机构难以判定的化学性、生物性致病因子进行鉴定和分型，追踪区域内导致跨省食源性疾病暴发的病因性食品，提出预防控制措施建议。（5）加强食品检验检测工作专业人才队伍建设，完善食品检验检测机构投入、保障、考核和激励机制。（6）强化食品检验检测机构资质认定和管理，确保各级检验检测结果的可比性、可靠性、公正性和公信力，提高检验检测机构在食品安全应急事故中的响应能力。

五、建立统一的食品安全信息化体系

食品安全信息作为国家制定食品安全政策、法规的依据，能够为国家提升食品安全管理水平提供重要支撑。同时，食品安全信息化手段适应了现代食品安全管理的需求，受到世界各国政府的重视。当前，随着经济全球化的发展和食品供应链的不断延伸，食品安全控制无论在广度、深度还是在复杂程度上都面临着前所未有的挑战，控制难度日益增加。如果没有先进的信息管理手段和方便的信息交流途径，要想实现"从农田到餐桌"整个食品供应链的安全控制目标是不可能的，加快食品安全信息化建设势在必行。

食品安全信息已经成为一种具有重要价值的国家资源。作为连接食品供应链各个环节的纽带，对于保证食品安全起着重要作用。利用信息资源来提升食品安全管理水平逐步成为各国政府的一种认识。食品安全信息化体系作为食品安全信息方面的顶层设计决定着食品安全信息的质量。政府可以凭借其资源优势、组织能力等通过食品安全信息化建设来及时采集全面、优质的信息。

美、日、欧等国家和地区的食品安全信息化管理体系主要包含以下内容：对食品供应链实行档案化管理，建立食品信息可追溯系统；以信息透明原则为指导，建立以食品安全信息公开体系和食品标识管理体系为基础的食品安全信用体系；整合决策支持的信息资源，建立食品安全专家咨询机构和完善的数据库系统；运用现代信息技术，建立食品安全监控、预警和快速反应系统。

我国食品安全信息化建设起步较晚，由于采用分段监管的模式，在成立食品药品监督管理总局之前，卫生部、农业部、质检总局、药监局等监管部门分别依托各自的资源建立了侧重点不同的食品安全监测网络。但信息系统之间彼此缺乏有效的联系，产生了信息孤岛，整体水平相对落后于其他行业，对数据重采集、轻分析缺乏有效的方法论和信息模型，不能满足当前我国食品安全监管的需要。

食品安全信息化体系存在的主要问题：（1）缺乏顶层设计与信息标准。（2）食品安全风险监测网络及硬件基础设施建设滞后于实际需要。（3）信息化基础设施建设滞后于食品安全事业发展。（4）缺少数据共享与分析机制。（5）食品供应链条管理、食品风险分析、食品标准管理、食品安全预警与应急处置、食品安全交流培训等重点领域，存在信息化建设空白地带。（6）缺少既懂信息技术又懂食品安全业务的复合型人才。

国家食品安全信息平台由一个主系统（设国家、省、市、县四级平台）和各食品安全监管部门的相关子系统共同构成，主系统与各子系统之间建立横向联系网络。国家级平台依托国家食品安全风险评估中心建设；省、市、县三级平台按照国家统一的技术要求设计，由同级食品安全办组织建设。政府相关部门根据职能分工和主系统功能要求建设子系统。国家食品安全信息平台主系统与各子系统对接，并延伸到信息使用终端。

国家食品安全信息平台在整体设计上，从垂直业务和信息孤岛向业务协同和信息共享平台建设转变。建立跨地域、跨部门的立体化信息平台，实现统筹规划、资源整合、互联互通和信息共享，提高食品安全水平与监管能力。国家食品安全信息平台纵向贯穿国家、省、市、县、四级，横向覆盖各个相关政府部门和社会公众，利用局域网、国家电子政务网、公共通信网、互联网连接各级各部门，建设由食品安全监管数据中心、食品安全风险评估数据中心组成的"双活数据中心"，以及异地灾备中心所共同构成的"两地三中心"模式。

第七章　食品安全国际合作建设发展状况

食品供应链的全球化不仅使得食品的流通突破了国界的限制，而且也意味着由食品中所含的诸如生物性、化学性、物理性等危害物质所导致的健康风险随之传播到了世界各地。这一发展所带来的挑战是食品供应链的延伸及其在跨国的发展使得涉及其中的食品从业者以及保证食品安全监管的主管部门呈现多元化的趋势，因此，保证食品安全需要这些不同主体的合作。这些合作既包括了食品从业者在履行保证食品安全的首要责任时与主管部门之间的公私合作，同时，对于主管部门而言，当食品进口成为国内食品供给的重要来源时，食品安全的监管不再仅局限于内部市场的规制，还需要主管部门与进口国乃至整个国际社会开展有效的合作，以求在食品供应链的源头抑制食源性疾病的发生及传播。在上述背景之下，本章就食品安全的国际合作建设发展状况作出了如下总结。

第一节　国际食品安全治理发展趋势

全球各国食品安全事件多发，食品安全问题仍然是重大问题。威胁世界各国食品安全的禽流感、口蹄疫等重大动物性疫病仍然频繁发生，成为威胁一些国家食品安全的重大隐患；微生物污染、未标注致敏物质是全球食品召回的首因。此外，也有因含有金属、卫生证不合格等原因被召回。目前卫生条件较差的非洲食品安全状况更令人担忧，食物中毒事件规模较大，主要原因之一是水源被霍乱弧菌污染，而由于环境卫生条件差使霍乱疫情仍在蔓延。为了解决和改善这一状况，各国也积极采取相应措施，如美国对 1938 年通过的《联邦食品、药品及化妆品法》进行了大规模修订，奥巴马总统签署了《食品安全现代化法》，可以说是过去 70 多年来美国在食品安全监管体系领域改革力度最大的一次。英国政府为生产克隆动物的奶制品和肉制品的农民和食品公司开绿灯，并准许屠宰场和超市售卖克隆动物奶制品及肉制品。日本厚生劳动省制定生食肉供货的新卫生标准，另外，受日本地震的影响，各国加强对日本进口食品的限制，并且加大检测力度。

在各国加强食品安全监管的同时，一方面，发达国家依托自身成熟的政府监管体系优势，尝试跨国性的食品质量监控。2008 年 11 月，美国食品药品监管局（FDA）在北京、广州、上海设立了办事处，根据协议中国也将对等地在美国派驻食品安全监管机构，相互督促提高监管水平，这是一张"相互嵌入式的合作型博弈"。随着食品安全问题的日益国际化，这种跨国监管活动将给国家间的互信互利合作带来更多考验。另一方面，食品安全监管的全球化趋势也加深了各国食品体系的相互依赖，也让保障食品安全成为各国的共同责任。目前，国际社会在食品安全问题上已经形成了一定的国际法监管体系，在食品贸易与合作中也通过双边、多边的交流与协议建立了初步的国际食品安全合作机制。

不过，尽管跨国食品安全合作不乏成就，如为了促进国际食品贸易健康发展，联合国粮农组织和世界卫生组织设立的食品法典委员会（CAC）和世界贸易组织共同开展食品安全规则的国际协调，然而，由于南北国家经济社会发展水平不同，对食品安全的理解和管理也存在差异，各国在处理和应对食品安全事件上难免产生分歧。再如，就上述国际层面的食品安全标准协调来说，在 CAC 的 26 个专业委员会中，仅有 4 个发展中国家担任主持国，发达国家占绝大多数，标准制定程序规则缺乏透明度，分支机构的权力分配并不公平。这些问题导致发展中国家在食品安全标准制定和风险评估的参与上存在明显不足，更限制了其建立和运行相应的食品安全监管体系的能力。[①] 尽管在世界贸易组织的《实施动植物卫生检疫措施的协议》（SPS）框架下，CAC 标准的地位和约束力有所加强，国家自行制定严格标准以限制食品贸易的行为也受到一定约束，但这些标准在具体执行中仍然存在被滥用的风险。[②] 上述情况一方面制约了国际食品安全环境的有效改善；另一方面也削弱了全球食品安全的责任基础。此外，国际上因食品安全问题产生的摩擦并不少见，这里不再列举。在现存贸易体制下，食品安全可以说是粮食供给有保障者的安全，也是资金、技术和话语权垄断者的安全。发达国家作为体制的受益者，理应更多地帮助发展中国家改进食品生产技术，加强安全监管能力，以共同促进全球食品安全水平的提升。

第二节　食品安全国际形势与国家安全

食品是人类赖以生存和发展最基本的物质条件，每个人都是食品安全问题的利益相关者。2003 年，联合国粮农组织和世界卫生组织指出，食品安全涉及可能导致食品对消费者健康构成危害的所有

---

① 龚向前："食品安全国际标准的法律地位及我国的应对"，载《暨南学报》（哲学社会科学版）2012 年第 5 期。

② 周一鸣："论食品安全监管的国际合作机制"，载《西北工业大学学报》（社会科学版）2013 年第 6 期。

因素。[①] 我国学者多数是基于粮食安全讨论食品安全，随着经济发展和生活水平提高，两者才逐渐区分开来。目前，多数学者同意将食品安全分为两个层次：食品数量安全和食品质量安全，二者对人类健康有着共同影响。[②]

单就食品安全而言，其对国家安全的影响首先体现为对国民身体健康的危害。国以民为本，能否保障国民生命与财产安全是国家的正当性所在。食品安全问题具有多样性、广泛性、高发性，直接损害国民的生命健康与身体素质。2013 年我国国家卫生计生委办公厅的突发公共卫生事件网络直报系统共收到食物中毒事件报告 152 起，中毒 5 559 人，死亡 109 人。[③] 因此，食品安全越来越成为人民群众最关心的问题。

其次，一国的经济安全也与食品安全密切相关。在全球化时代，食品安全事件的发生不但会引起国内消费者的恐慌，往往也会受到世界媒体和国际公共卫生组织的关注，导致国外消费者对该国食品产品的不信任，使其海外食品市场需求下降。我国人口众多，是食品生产和消费大国，食品产业在国民经济中占据重要地位。图 21 列举了 2000 年和 2011 年食品进出口额排名前 20 的国家。

尽管全球食品贸易在不断扩大，这种增长在国家间的分布却并不均匀。高收入国家往往比低收入国家增长得更快，尽管后者在农业生产上可能具备一定的比较优势。十年间，中国的食品进口比出口增长幅度更大，2011 年已跃居食品进口第一大国，而美国则始终保持着食品出口第一大国的地位。而根据 WTO 的商品贸易统计数据，2013 年中国位居全球第四大食品出口国，出口额仅次于欧盟、

---

① 刘为军、潘家荣："关于食品安全认识：成因及对策问题的研究综述"，载《中国农村观察》2007 年第 4 期。

② 徐晓新："中国食品安全：问题、成因、对策"，载《农业经济问题》2002 年第 10 期。

③ 国家卫生计生委应急办公室：http://www.nhfpc.gov.cn/yjb/s3585/201412/5bdfca17bdb34c189bc460e04b9ace64.shtml。

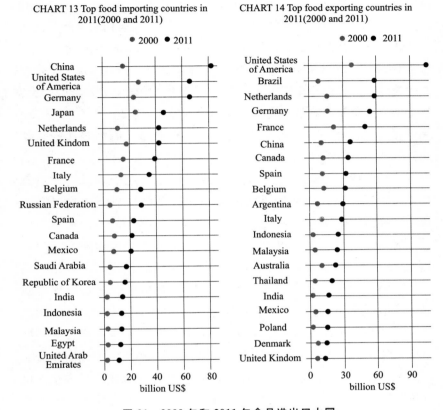

CHART 13 Top food importing countries in 2011(2000 and 2011)

CHART 14 Top food exporting countries in 2011(2000 and 2011)

图21　2000年和2011年食品进出口大国

数据来源：联合国粮农组织"Food and nutrition in numbers 2014"

（http：//www. fao. org/3/a–i4175e. pdf）。

美国和巴西。①但由于食品质量问题，我国的食品贸易国际市场份额时常遭受损失。2008年2月发生的"毒饺子"事件曾对中日食品贸易造成恶劣影响，根据日本财务省发布的数据，当月日本从中国进

---

① "International Trade Statitics 2014"，载世界贸易组织官方网站，http：//www. wto. org/english/res_e/statis_e/its2014_e/its14_toc_e. htm。

口的食品量减少了 28%，贸易额减少 553 亿日元，与前一年同期相比减少了 15.1%。[1]"三鹿奶粉"事件爆发后，我国乳品生产同比大幅下降，进口持续增长，出口则遭遇惨重打击，2008 年 11 月同比下降了 64.2%，贸易逆差进一步加大。[2] 不仅如此，这些食品安全危机的频繁发生使我国国家形象蒙上阴影，导致"中国食品安全威胁论"甚嚣尘上，负面影响甚至波及我国其他商品出口贸易。

最后，食品安全危机也会直接危及政府的公信力与执政合法性，并威胁国家的政治稳定。食品安全从来不仅仅是科学问题，也是政治问题，公众对食品安全事故的广泛关注能够成为左右政府公共政策和执政前途的重要力量。1999 年，比利时畜禽产品二噁英污染事件的曝光导致比利时首相和两名部长在一片责难声中引咎辞职，其联合政府也宣告垮台。2014 年我国台湾地区发生的"黑心油"事件更是祸及两岸关系，社会舆论将控诉的矛头指向马英九当局的台商"鲑鱼返乡"政策，影射两岸经贸关系发展对我国台湾地区带来的负面影响。[3] 事实上，政府公信力的高低很大程度上取决于政府所提供的公共服务的数量和质量。当社会公众为捍卫身心健康而对食品安全事件采取一致的态度和集体行动时，食品安全问题就成了不容忽视的公共政策问题。[4] 由于我国食品安全危机时常呈现出多源头并发、高频率突发、大范围爆发的特点，政府监管显得消极、迟缓，效率低下，信息公开滞后，甚至出现地方政府

① 谢德良："中日两国食品贸易额受水饺事件影响锐减三成"，载《青年参考》，http：//news. sina. com. cn/c/2008-04-02/101115276493. shtml，访问时间：2008 年 4 月 2 日。

② 李志强、董晓霞："2008 年奶业形势分析及 2009 年展望"，载《中国乳业》2009 年第 1 期。

③ 杨晶华："台'黑心油'事件引发持续动荡"，载《法制日报》，http：//epaper. legaldaily. com. cn/fzrb/content/20141021/Articel11002GN. htm，访问时间：2014 年 10 月 21 日。

④ 曾望军、邬力祥："生成、危机与供给：食品安全公共性的三个维度——基于公共经济学的分析视角"，载《现代经济探讨》2014 年第 11 期。

为经济利益给纳税大户企业"开绿灯"的现象，使得食品监管工作形同虚设，严重影响了政府执法形象，导致政府公信力的丧失。① 甚至，公众安全感的缺失容易导致整个社会大众心理的不稳定，而食品产业利益相关者众多，食品安全事故一经曝光便能引起一系列连锁反应，并能引发社会动荡。

举例来说，上述的观点在转基因食品的安全问题上体现得非常明显。所谓转基因，就是利用基因工程手段，人为地改造生物的遗传物质，使其在营养品质、消费品质等方面向人类需要转变。以转基因生物为直接食品或为原料加工生产的食品就是转基因食品。② 转基因食品的发源地在美国，其中孟山都公司是基因改造种子的领先生产商，占据了全球多种农作物种子 70%～100% 的市场份额，而在美国本土更占有整个市场的 90%。然而，由于转基因食品的安全性和环境影响仍然存在争议，孟山都大肆推广转基因技术的做法在世界各地引起了广泛的反对。2013 年 5 月 25 日，全球 52 个国家和 436 个城市爆发了反孟山都的集会和游行，参与人数由 20 万～200 万人不等。③ 2014 年 5 月 24 日，类似的全球性游行再度爆发，涉及美国 47 个州及全球 53 个国家、400 座城市。④ 在全球媒体和公众舆论的渲染下，转基因之争被日益政治化，由此带来的持续抗争也日益成为一种社会事件，变成危害社会稳定和政治安全的导火线。

---

① 郭应良："完善食品安全监管，增强政府公信力"，载《楚雄师范学院学报》2011 年第 10 期。

② 戴容修："高中生物教学与认识转基因食品探析"，华中师范大学 2008 年硕士学位论文。

③ Huffington Post. "March Against Monsanto" *Protesters Rally Against U. S. Seed Giant And GMO Products*，http：//www. huffingtonpost. com/2013/05/25/march-against-monsanto-gmo-protest_n_3336627. html 2013-05-25.

④ Russia Today. *World protests Monsanto grip on food supply chain*，http：//rt. com/news/161356-anti-gmo-monsanto-protest/2014-05-25.

第三节 食品安全国际合作机制

随着经济全球化的进一步发展，食品安全问题已经不再是某一个国家或区域面临的问题，它们已经跨越国界，成为全球范围内普遍存在的问题，所以我们必须加强食品安全领域的国际合作，依靠国际社会的共同努力建立起完善的国际食品安全法律规制，创新食品安全国际合作机制，以此来保障全人类的身体健康和生命安全。WTO 框架下的 SPS 协议、TBT 协议都对国际食品安全问题进行了相关规定，构成了现行的国际食品安全责任的国际法规制体系。在国际食品安全的治理上，各国应以食品贸易伙伴国家的双边协议、多边区域性合作协议及国际合作机制体系来维护和保障国际社会的食品安全。国际合作不仅是解决跨国食品安全事件的有效方法，更是提升食品安全能力建设的可依赖路径。

一、国际性食品安全论坛

为了沟通和交流食品安全管理经验，各国把国际食品安全论坛作为寻求共识、探索有效措施的平台。2007 年 11 月 27 日，北京举办了为期两天的国际食品安全高层论坛，42 个国家和地区的代表就食品安全的国际协调与合作展开了积极讨论。其间，中国国家质检总局与 19 个国家进行了双边会谈，并同德国、韩国、加拿大、巴西四国签署了双边协议。论坛通过了《北京食品安全宣言》，为实现国际社会的有效信息分享、建立针对食品安全事件的识别和调查系统提供了建设性意见。

亚太经合组织也在 2007 年成立了食品安全合作论坛，由中国和澳大利亚担任联合主席。2014 年 9 月 10 日至 13 日，APEC 食品安全合作论坛系列活动在北京举行，约 150 名中外政府高级官员、企业高管、知名学者、行业协会代表参加。论坛期间，各经济体政府监管部门就推进食品监管合作、便利食品贸易等话题进行了探讨，进一步推进了食品安全的社会共治和国际合作机制的共建工作。

二、政府间双边合作机制

政府间双边合作是食品安全治理的基础部分。各国为了促进食品安全领域的交流与合作，兼顾自由与安全的双重目标，往往采取签订双边贸易协定、食品安全监管合作协定、合作备忘录等合作形式。根据国务院新闻办 2007 年发布的《中国的食品质量安全状况白皮书》，中国国家质检总局已与 30 个国家和地区签署了 33 个涉及食品安全领域的合作协议或备忘录，签署了 48 个进出口食品检验检疫卫生议定书，确立了中国与有关进出口食品贸易伙伴国家或地区的长效合作机制。[1]

此外，各国政府部门也在食品安全的政策、法律甚至机构设置上进行多层次协调与合作，推动了具体机构的深入沟通和直接互动。在食品安全监管领域，发达国家依托自身成熟的政府监管体系优势，尝试跨国性的食品质量监控。2008 年 11 月，美国食品药品监管局（FDA）在北京、广州、上海设立了办事处，根据协议，中国也将对等地在美国派驻食品安全监管机构，相互督促提高监管水平，这是一张"相互嵌入式的合作型博弈"。随着食品安全问题的日益国际化，这种跨国监管活动将给国家间的互信互利合作带来更多考验。

---

[1] 中华人民共和国国务院新闻办公室：http://www.scio.gov.cn/zfbps/ndhf/2007/Document/307870/307870.htm。

三、区域多边合作机制

针对食品安全问题，一些区域组织也建立了成员间的食品安全治理体系，欧盟就是这种最有代表性的"内部封闭式合作"。欧盟的食品安全监管事务由欧盟委员会统一管理，统一制定安全章程，各成员国根据本国实际情况建立监管体系。成员国间的食品安全纠纷可由欧盟委员会磋商，或上诉至欧洲法院。[1] 这种较为完善的食品安全规制，促进了欧盟内部的食品贸易，为其他区域组织的食品安全治理提供了借鉴。

在东亚地区，中国与东盟的食品安全合作也一直备受关注。2007 年 10 月，首届中国－东盟质检部长会议在南宁举行，发表了《南宁联合声明》。中国与东盟一致同意积极推进各方在食品安全的法律法规、标准与信息交流，增加食品安全管理和技术人员的互访与沟通，互通食品安全信息。此后，中国与东盟各国进一步加强食品安全合作，对食品贸易中的质量安全问题进行及时通报，积极协调解决，满足了双方食品行业间日益增长的合作需求。

四、全球多边合作机制

在全球意义上，世界卫生组织与联合国粮农组织联合建立的食品安全监测与预警系统发挥着重要的作用，这就是 2004 年成立的国际食品安全当局网络（以下简称 INFOSAN），旨在促进国家间食品安全信息交流，以及国家和国际食品安全机构的合作。迄今为止，已有 160 多个成员国参加了 INFOSAN。INFOSAN 在各成员国指定归口单位，以便利双向信息共享。各成员国也需设立紧急联络点通报本国

---

[1] 周一鸣："论食品安全监管的国际合作机制"，载《西北工业大学学报》（社会科学版）2013 年第 6 期。

发生的食源性疾病暴发或食品污染事件。① 在 2008 年中国三聚氰胺污染事件中，世界卫生组织就曾通过 INFOSAN 专门向从中国进口了可能受污染乳品的 5 个国家发出警报，并将其在世界各国搜集的食品三聚氰胺检测报告结果通报中国，协助中国政府应对危机。

不过，尽管跨国食品安全合作不乏成就，由于南北国家经济社会发展水平不同，对食品安全的理解和管理也存在差异，各国在处理和应对食品安全事件上难免产生分歧。这种情况，一方面，制约了国际食品安全环境的有效改善；另一方面，也削弱了全球食品安全的责任基础。

为了促进国际食品贸易健康发展，CAC 和世界贸易组织共同开展食品安全规则的国际协调。但是，在 CAC 的 26 个专业委员会中，仅有 4 个发展中国家担任主持国，发达国家占绝对多数，标准制定程序规则缺乏透明度，分支机构的权力分配并不公平。这些问题导致发展中国家在食品安全标准制定和风险评估的参与上存在明显不足，更限制了其建立和运行相应的食品安全监管体系的能力。② 尽管在世界贸易组织的《实施动植物卫生检疫措施的协议》（SPS）框架下，CAC 标准的地位和约束力有所加强，国家自行制定严格标准以限制食品贸易的行为也受到一定约束，但这些标准在具体执行中仍然存在被滥用的风险。③

国际上因食品安全问题产生的摩擦并不少见，这里不再列举。在现存贸易体制下，食品安全可以说是粮食供给有保障者的安全，也是资金、技术和话语权垄断者的安全。发达国家作为体制的受益者，理应更多地帮助发展中国家改进食品生产技术，加强安全监管

---

① 世界卫生组织官网：http://www.who.int/foodsafety/fs_management/infosan_1007_ch.pdf? ua=1。

② 龚向前："食品安全国际标准的法律地位及我国的应对"，载《暨南学报》（哲学社会科学版）2012 年第 5 期。

③ 周一鸣："论食品安全监管的国际合作机制"，载《西北工业大学学报》（社会科学版）2013 年第 6 期。

能力，以共同促进全球食品安全水平的提升。

第四节　跨国（地区）食品安全 事故解决机制

全球化的到来，推动经济一体化的同时，也为食品安全带来挑战。随着社会分工的不断细化，一种食品的生产和供给通常被分割为不同环节，分布于不同的国家或地区，整条食品供应链又由产品研发、农业生产、加工制造、仓储运输、市场营销和销售等环节构成，加大了食品安全监管的难度，而每个环节产生问题都可能引发全球性的食品安全问题。可能威胁到众多消费者的身体健康和生命安全。另外，随着科技的发展，各种食品添加剂、色素被广泛运用于食品生产中，丰富食品种类和口味的同时也带来了更多的食品安全问题。

同时，伴随着人们生活水平的提高，对食品卫生及质量安全的要求越来越高，食品卫生及质量安全在国际经济贸易中筹码日重，世界范围内由于食品卫生和质量问题而引发的贸易纠纷不断，因此，食品质量及安全问题不仅是一个关系着群众身心健康的公共卫生问题，更是一个涉及整体国家信誉及经济利益的国际经贸合作问题。另外，一个国家的食品安全问题还影响到社会大众特别是消费者对政府的信任，甚至威胁到整个社会的稳定和国家的安全。近年来，食品安全问题在全球范围内频频发生，如日本核泄漏事故后的"辐射牛"事件、2011 年德国出血性大肠杆菌事件、我国台湾地区塑化剂事件等。世界卫生组织的统计显示，每年由于食用不安全食品而患病的人有数百万，为此而丧失生命的也大有人在。在中国，食品安全的威胁更是一波未平、一波又起，如 2008 年的"三聚氰胺奶粉"事件、2009 年的"王老吉"事件、2010 年的"地沟油致癌"事件、2011 年热议的"瘦肉精"事件。近期，老酸奶、果冻被曝加入工业明胶，部分胶囊产品含"毒"等问题着实吓到了消费者。这一系列的食品安全事件，不断暴露出食品安全监管上存在的漏洞，食品安全已成为全球面临的共同挑战！

一、当前国际食品安全事故解决机制之困境

"民以食为天，食以安为先"，食品安全不仅关系到人民群众的身体健康和生命安全，关系到一个国家的经济发展及社会和谐，是衡量人民生活质量、社会治理水平和国家法制建设的一个重要方面，常被称为"民生的底线"。食品安全问题已经不再仅仅是你我一个人、一个国家的事，而是大家的事，所有国家的责任。因此，所有的人、所有的民族、所有的国家都应该联合起来共建一个安全的食品环境。目前，全球范围内的食品安全合作也取得一定的进展，但也存在着一些困难亟待解决。

第一，国家间的食品安全合作的困境在于缺乏一个畅通的食品安全突发事件国家间信息通报机制。首先，目前国际社会尚处无政府状态，每个国家出于自身国家利益考虑，各国在进行合作，交流信息，订立契约时，并不能完全的透明，总是或多或少地刻意隐藏对自己不利的信息，甚至还存在虚传信息的动机，亦即国家传递的信息可信度低。这就给合作造成一系列不必要的麻烦，影响国际食品安全合作的顺利开展。其次，在无政府状态下，各国之间相互不信任，给合作造成障碍。在国际大背景下，每个人都各怀心思，谁也猜不透谁，这就给合作造成一定的障碍。特别是在食品安全的学术专家和普通大众之间，更容易产生疑问和相互的不信任：专家们痴迷于技术的细节和复杂性，而百姓可能只想知道食物是否可以安全食用。因此，也增加了国际食品安全合作的难度。

第二，在食品相关检测标准上存在混乱，各地标准各不相同，

没有建立统一的国际食品安全标准体系。各个国家或地区出于自身利益考虑、或者自身发展水平有限，对食品质量安全的认识不一，常常会出现两套甚至多套标准却不知以何者为准的窘境。例如，近日某国际环保组织发布一项检测报告，称其送检的隶属联合利华公司的"立顿"绿茶、茉莉花茶和铁观音样本均含禁用高毒农药"灭多威"。消息出来后，联合利华立即反驳，称这种茶叶完全符合中国国家标准。这样的食品安全标准上的不一致，不仅仅会给国际贸易交流带来众多的纷争，导致贸易摩擦的不断升级，也给国际食品安全合作造成了众多的不便。

第三，尚未建立一套全球性的食品安全监管及责任追究机制。在全球化的大背景下，食品的生产、销售、消费也日益的国际化，随着社会分工的日渐精细，食品的生产链条越拉越长，消费者使用的某种产品的原料可能分别来自数个国家，而食品的加工生产也可能是在不同的区域进行的，同时每个食品生产点的生产环境也是不一样的，这些都有可能影响食品的质量安全。另外，食品在包装、保鲜、运输过程中也会有可能受到污染，导致食品质量问题。所有这些都是一个复杂的过程，谁也很难说清到底是哪个环节出了纰漏，到底应该由谁来承担食品安全的责任。这样只会导致互相推诿、互相猜忌，造成人人自危的局面，对解决问题起不到任何用处。因此，有必要在全球范围内建立一套专门的食品安全监督以及责任追究机制，把责任落实到每一个参与食品生产、加工、运输、销售等每一步骤的个体、群体、机构甚至国家身上，以维护一个健康的、安全的食品环境，让每个人都能吃得放心。

"衣、食、住、行"作为人类生存最基本的需求，食品安全关系着国家的安全和社会的和谐。保障食品安全，不仅仅是一两个国家的责任，也是事关全人类生存与发展的大问题，需要国际社会的共同关注。加强国际交流磋商、进行跨国合作是解决食品安全问题的有效途径之一，然而食品安全跨国合作活动的开展深受各成员国特定文化背景、国家利益、市场因素、相互之间的信任等多种因素的影响，其开展起来并非一帆风顺。我们坚信只要全社会本着"平等协商，合作共赢，互惠互利"的原则，食品安全领域的国际合作一定能够走出困境，适应经济贸易全球化的大环境。

二、当前国际食品安全事故解决机制的进展与前景分析

总的来说，国际交往中的各国国家利益存在很大差异，各有自己的外交诉求，立场难以完全一致。然而，毕竟我们生活的环境是一个相互依赖的世界，特别是随着世界联系的日益紧密，国际经济一体化的加深，使得世界各国都难以逃离国际社会这艘"太空船"。"相互依赖"的世界使得任何一个国际成员都难以独自承受由于食品安全问题而付出的代价。

目前来说，世界整体的食品安全环境是令人放心的，全球范围内的食品安全合作也取得了一定的进展，当前国际食品安全合作的前景还是光明的。

第一，国际食品安全合作显得尤为必要。全球化使得国家间的联系日益紧密，各国食品生产、加工、销售等体系的相互依赖性日益增加，呈现出"一荣俱荣，一损俱损"的状态，加强国际食品安全合作将会"共赢"，拒绝国际食品安全合作则"俱损"。全球化背景下，各个国家之间存在共同利益，维护国际食品安全，能为人们的生命健康提供安全保障，也能为各国贸易提供安全和平的国际环境，因此，国际社会各成员国共同携手维护食品安全，创造一个健康安全的食品环境完全是必要的，国际食品安全合作也容易达成和实现。

第二，开展国际食品安全合作具有现实可行性。一是因为食品安全管理需要大量的资金和人力，开展国际合作可以降低成本，获得较高的回报；二是因为开展国际食品安全合作具有广泛的民意基础，世界各国政府以及普通大众都认识到食品安全的重要性，食品安全合作更符合世界各国人民的共同愿望。

第三，从人权法和国际法视角看，食品安全权概念的提出及其法律保障遵守广泛接受的国际标准，尊重国际食品安全规范确立的国际义务以及创设国际食品安全规范实施机制，具有重要意义。在涉及食品安全的规范性国际法律文件中，国际卫生条例等相关规范的软法属性明显，国际社会应充分发挥并巩固世界卫生组织在国际食品安全规制领域的领导地位，优化食品安全规制的制度设计，多渠道创新规制路径以有效应对全球食品安全风险。在作为国际食品安全法律规制基础的食品安全权不断得到认可后，相关领域国际法律规范的重点在于协调食品安全与贸易自由的冲突，突出食品安全的优先地位。对中国而言，当务之急是如何在国内法中贯彻相关国际条约的理念，减轻不安全食品对食品贸易产生的负面影响，使中国的食品安全标准与国际安全标准接轨或高于后者，并得到切实执行。

在今天这样的全球化，特别是经济一体化不断推进的社会大背景下，食品安全问题成为了牵一发而动全身的全球供应链条中的重要一环。加强全球食品安全合作、建立全球性食品安全责任追究制迫在眉睫。因此，国家交往的各成员国应该在互信互利的基础上携起手来，消除国际间的不信任及相互排斥和敌意的态度，本着公平、平等、合作的原则，尽可能通过各种积极的方式和手段来解决全球化的食品安全问题。

第五节　政策建议

尽管我国政府为解决食品安全问题已投入了一定的人力、物力、财力，但从当前食品安全实践不断发生的情况来看，我国在食品安全治理上还存在诸多问题有待解决。

一、加强食品安全监管，提高我国食品质量

为了满足人民日益增长的对食品质量的要求，加强食品安全监管、保障食品安全是政府不容推卸的责任。我国应学习借鉴发达国家的监管经验，建立健全食品安全法律体系、权责分明的监管体系、统一的食品安全标准，完善食品安全风险评估体系和食品安全信息监测与预警体系，改革食品安全的管理和运作体制，预防和减少食品安全事故的发生，促进民生福祉，维护国家形象。

二、坚持食品安全的自主治理，维护安全不能寄望于他国

出于维护国家主权和安全的考虑，食品安全问题只能由一国自行解决，不可受制于他国。对内，我国应当提高食品安全意识，改进食品安全体制，加强食品安全治理的预防工作，提高食品安全管理的信息透明度，探索食品安全治理的中国经验，致力于消除我国食品安全隐患。对外，我国也可充分利用双边、多边平台加强与各国的交流、沟通，在充分坚持独立自主的基础上借鉴国际食品安全治理的宝贵经验。

三、从以下几个方面继续加强食品安全国际合作

首先，加强政府间合作。目前，在食品安全问题国际化的背景下，中国国家质量监督检验检疫总局已与美国、欧盟、欧盟成员国、日韩等国家在食品安全领域建立起良好的合作与沟通机制，并先后与美国、加拿大、日本、韩国、泰国、越南、巴西、阿根廷、智利、欧盟及其多个成员国之间建立了食品安全合作机制，并签订了有关食品安全的检验检疫议定书，如美国 FDA 分别在北京、广州、上海设立办事处，中国也在美国设立了食品安全监督机构。这种国家间

的合作机制在国家间食品安全纠纷中起到了重大作用。

其次，加强区域间合作。当今世界对食品安全进行区域性监管的最好效果是欧盟对其成员内的食品安全规制，形成了完善的区域性食品安全法律体系，对保障欧盟内部食品安全、促进欧盟内部食品贸易的发展起到了不可忽视的作用，值得世界上其他区域性组织借鉴。欧盟食品安全法律体系主要分为两个层次：一是有关食品安全问题的基本原则性规定，可称之为食品安全基本法；二是根据食品安全基本原则制定出来的具体措施和要求。

最后，深化全球性合作。开展国际食品安全合作具有现实可行性。这是因为，开展食品安全的国际合作不仅可以降低仅凭一国力量解决食品安全问题所耗费的成本，使参加国际食品安全合作的各成员国获得低投入、高回报的效果，而且可以获得各成员国更广泛的支持。高质量、安全的食品供应是实现世界人民健康的前提和保证。随着食品贸易的全球化，各国人民之间已形成了相互依存的紧密经济关系，食品安全亦超越国界，成为全球性公共卫生问题。世界各国政府以及普通大众都认识到食品安全的重要性，建立全球食品安全合作机制，提供安全可靠的食品符合世界各国人民的共同愿望。

综上可以看出，食品安全问题的国际合作发展建设必要性强，同时前景广阔。加强食品安全的国际合作要遵循全民共治的理念，让各个国家的每个居民都提升对于食品安全问题的认识，提升对食品安全问题的关注度，真正落实全民自觉积极地参与到食品安全的管理中来，完善食品安全管理机制，让每个人都享受到安全食品的基本权利。

附录1　2014年全球食品安全治理趋势

食品是人类生活的必需品，食品安全问题是世界各国共同面临的重大问题。尤其是随着食品产业工业化、食品供应市场化、食品贸易全球化、新食品技术和新食品种类科技化以及饮食方式的改变，食品安全问题已经成为一个非常复杂的全球性问题。本附录分别从法律法规、监管规制、生产经营者责任、环境治理、标准、风险治理、全球主要食品安全事件以及国际焦点议题八个方面概括介绍2014年全球食品安全治理趋势。

一、2014年主要国家和地区食品安全法律法规动态

2014年世界各国继续积极开展食品安全法规的整合与创新，以顺应保障食品安全与公众健康之需求。

（一）美国通过农业法案

美国国会参议院2014年2月4日通过《食物、农场及就业法案》（以下简称2014年农业法案），2月7日，新法案由美国总统奥巴马在密歇根州立大学签署生效。法案转变以高补贴为主的农业支持、保护思路，逐步放弃政府对农业生产和农产品市场的直接干预，调控手段趋于市场化，将对美国农业今后10年的发展和导向产生深远影响。美国2014年农业法案主要内容：[①]

[①]　彭超："美国2014年农业法案的市场化改革趋势"，载《世界农业》2014年第5期。

（1）改革收入补贴。名义上取消直接支付、反周期补贴、平均农作物收入选择补贴，保留营销援助贷款项目。新设立价格损失保障和农业风险保障 2 个项目。

（2）强化农业风险保障。在 2014 年美国农业法案中，农业保险的作用得到了扩展。实际上，收入补贴与农业保险共同构成了保障美国农民收入的"安全网"。收入补贴项目主要针对的是农业生产经营的市场风险，农业风险保障项目主要针对的是农业生产经营的自然风险。该法案增加了一项新的保险产品——补充保障选择计划，为生产者提供 65% 的保险保费补贴。

（3）继续发展生物质能源。2014 年农业法案对 2008 年农业法案中的能源项目进行再授权，提供 8.8 亿美元的资金。同时，扩大了生物质能源市场项目、生物质能源精炼援助项目、生物质能源农作物援助项目等，要求实现联邦政府机构采购生物质能源的量必须达到某一目标，将林业产品也纳入生物质能源市场项目中，探索"美国农业部认证生物质能源产品"标签标注措施。

（4）强化营养项目。营养项目占到整个农业法案支出的 80%。其中，补充营养援助项目主要帮助家庭获得充足食物；紧急食物援助项目支持食物银行和食物救济站。2014 年农业法案安排了专门经费用于就业促进和培训项目，尤其是提升家庭选择健康食品的能力，并且扩充了食品援助项目中的反欺诈措施。

（5）支持高附加值农产品市场开发。2014 年农业法案增加了高附加值农产品市场开发赠款，相关项目向经验丰富的农民倾斜。安排部分经费用于提高农村宽带电信项目的入网率，提高农村地区宽带网络速度。同时，鼓励农民将互联网用于商业实践。如农村商务开发赠款项目直接建立培训中心，来培训农村居民使用互联网从事农产品交易。

（6）发展特种农作物和有机农产品。2014 年农业法案每年安排一定经费用于特种农作物田块奖励项目。为有机农场的农场主提供新的支持，包括每年提供 1 150 万美元用于有机成本支持项目。增加病虫害防治资金和防灾减灾资金，每年提供 6 250 万美元支持，而且不断增加，预计 2018 财政年度增加到 7 500 万美元。

（7）帮扶新生代农场主和牧场主。2014 农业法案为新从业农场主和牧场主发展计划提供 1 亿美元支持。提高资本可得性，支持农作物保险和风险管理工具，包括在耕作前 5 年里降低农作物保险保费等。

（8）提升农民营销能力。2014 年农业法案整合了过去的项目，提出"农民市场与本地食物促进项目"，每年提供资金 3 000 万美元，用于提升农民市场营销能力。同时，提供 6 500 万美元资金用于高附加值产品市场开发奖励。为当地和区域采购项目提供 8 000 万美元以上的财政授权，并使此政策常态化。此外，2014 年农业法案延续了海外市场开发项目，每年提供 2 亿美元的财政授权。

（二）德国新《药物管理法》[①]

近年来，德国"抗生鸡""抗生猪"丑闻频发，牲畜饲养过程中大量使用抗生素令人担忧。德国新《药物管理法》2014 年 4 月 1 日生效，对在牲畜饲养过程中使用抗生素进行了具体规定。新法规定，农业企业每 6 个月向有关部门汇报抗生素的使用情况，包括使用的抗生素种类、用量以及给药牲畜的数量。监管部门将根据汇报情况分析用药频率，如果发现用药过于频繁，饲养者就必须与兽医共同调查原因并采取相应措施，减少抗生素的使用。如果出现了用药偏多的迹象，饲养者则要与兽医共同制订减少使用抗生素的书面计划并提交有关部门。相关部门还有权根据调查和分析结果，要求牲畜饲养者采取疫苗注射、改变饲养方式、改善卫生状况等措施。如果饲养者拒不汇报用药情况或不服管理，则会被处以罚款。新法旨在减少抗生素使用，呼吁农民即使在有必要使用抗生素时也能负

---

① "德国立法规范牲畜饲养中使用抗生素"，载第一食品网，http://www.foods1.com/content/2513291/。

责任地用药，兽医和监管部门也要负起责任。

（三）新西兰出台新食品安全法

新西兰议会 2014 年 5 月 27 日通过新的食品安全法，以取代该国 1981 年的食品法案。新法中包括在一些情况下召回产品的条款，加强了政府在食品安全方面的权限。新法根据特定行业食品安全风险的程度和性质制定相应法规，将实施一套新的风险管理方法。新法关注企业开展的各类活动，不仅仅是经营场所。与现有一刀切的规定不同，新法给予不同类型的企业更多灵活性，降低了它们执行食品安全规定的成本。

（四）韩国修订《食品卫生法》的部分内容

2014 年 10 月 21 日，韩国食品药品安全部（MFDS）发布通知，对《食品卫生法》进行部分修正。内容包括将 HACCP 的韩文名称更名为食品安全管理认证标准；扩大咖啡及酱类等营养标识范围，保证消费者的知情权，确保国民健康；在确认食品营业点的营业许可时，追加电气安全检查确认书；针对儿童游乐设施里的食品营业场所，追加安全检查确认文件；强化 HACCP 认证取消标准。

（五）我国台湾地区新"食品安全卫生管理法"①

2014 年 11 月 18 日，我国台湾地区"立法院"三读通过"食品安全卫生管理法"修正案，将原"食品卫生管理法"名称修正为"食品安全卫生管理法"。法案大幅提高了处罚力度，在管理制度上进行了多项"创新"。主要包括：

一是"举证责任反转"。改变食品安全诉讼必须由消费者举证的

---

① "台湾修改'食品安全法'重罚'黑心'厂商"，载《法制日报》2014 年 11 月 25 日。

规定，新"法"规定若食品含有毒或有害人体健康的物质、掺伪或假冒或添加未经"中央"主管机关核准的添加物，或食品容器有毒，导致消费者权益受损，食品业者必须举证。除非这些损害不因自己过失或已尽相当之注意责任，否则必须赔偿消费者。此外，消费者虽非财产上的损害，亦可请求赔偿相当的金额，如若消费者不易或不能证明其实际损害额时，可请求法院依侵害情节，以每人每事新台币 500 元以上 3 万元以下计算。

二是食品和饲料、化工管理分厂分照。新"法"规定，食品或食品添加物厂，不得同时从事非食品的制造、加工、调配，但经过"中央"主管机关查核，符合药物优良制造准则的药品制造，则能兼营食品。

三是大幅提高惩罚力度。新"法"规定，食品业者有搀伪或假冒、添加未经许可的添加物等行为者，处 5 年以下有期徒刑、拘役或科或并科新台币 800 万元以下罚金。致危害人体健康者，处 7 年以下有期徒刑、拘役或科或并科新台币 1 000 万元以下罚金。致人死亡者，处无期徒刑或 7 年以上有期徒刑，可并科新台币 2 000 万元以下罚金；致重伤者，处 3 年以上 10 年以下有期徒刑，可并科新台币 1 500 万元以下罚金。法人的代表人、法人或自然人的代理人、受雇人或其他从业人员因执行业犯罪的，除处罚其行为人外，对该法人或自然人科以各该项 10 倍以下的罚金。

四是没收的不当利益纳入食安基金。新"法"规定，不论是没收的犯罪所得，还是不法所得的没收或追缴，都将纳入食品安全基金。食品安全基金用于：补助消费者团体诉讼；在重大食品安全事件时，拨款进行人体健康风险评估；如果有劳工因为检举不法食品安全事件，遭解雇、调职或不利处分，补助诉讼相关费用；检举人奖金；其他有关促进食品安全的相关费用。

五是建立住宿追踪系统。经"中央"主管机关公告类别与规模的食品业者，应依其产业模式，建立产品原材料、半成品与成品供应来源及流向的追溯或追踪系统。

六是设立食品安全会报。为加强我国台湾地区食品安全事务协调、监督、推动及查缉，"行政院"应设"食品安全会报"，由"行政院长"担任召集人，召集相关部门负责人、专家学者及民间团体代表共同组成。建立食品卫生安全预警及稽核制度，至少每 3 个月开会一次。各市、县也应设"食品安全会报"。

七是复方食品添加物应检附原产国的制造厂商或负责厂商的产品成分报告以及输出国的官方卫生证明，供各级主官机关查核，但香料不在此限。

八是列入"危险犯"概念。只要制造出的产品有危害之虞、情节重大的黑心食品业者，不必证明造成危害就可开罚，最高处 7 年以下有期徒刑，得并科罚金新台币 800 万元。

二、2014 年主要国家和地区食品安全监管举措

为了保证食品安全，2014 年各国政府积极采取多种措施，实行有效的管控和监督、执法，不断提升食品安全治理能力。

（一）美国 FDA 监管措施

1. 美国 FDA 修改《食品安全现代化法案》增强风险控制能力

2014 年 3 月 20 日美国 FDA 修改了一系列《食品安全现代化法案》（FSMA）条款，旨在增强对源于食品的风险的控制能力。这些被修改的条款包括：将饲料安全和预防控制规则合并到人类食品安全和预防控制规则中，将故意掺假规则的定性风险评估草案期限延后 60 天，将识别高风险食品的草案期限延后 45 天，正式考虑将 FSMA 适用范围扩展至粮食和饲料业等。FDA 称，这一系列的规则修改是充分考虑到了各行各业的意见后作出的，修改后的条款在食品风险控制方面将更加细致有效，同时给予了争议性较大或关注度较高的法案更多的拟定时间。

2. 美国 FDA 发布食品法典参考系统

2014 年 4 月 21 日，美国 FDA 发布了针对餐饮及零售业食品安全保障的"食品法典参考系统"。该系统是对各界开放的数据库查询系统，内容为 FDA 对"食品法典"（FOOD CODE）相关标准的解释、执行要求。"食品法典参考系统"主要针对食源性疾病的预防控制，用户可以根据菜单、关键词、日期或相关词组合方式进行查询。系统由 FDA 专门负责食品安全的"食品安全应用营养中心"（CIFSAN）相关部门开发。"食品法典参考系统"也是对"食品法典"规范文件的解读和具体要求。另外，"食品法典"是美国各级政府管理餐饮业及零售业食品安全的规范文件，目的是在全美范围内对餐饮业及零售环节食品安全进行统一规范管理。该文件涵盖人员、产品、设施、用具、有毒有害物质管理等 6 方面内容。

3. 美国 FDA 公布《食品安全现代化法案》可行性策略文件①

《食品安全现代化法案》（FSMA）是美国 70 多年来最全面的食品安全法律，2011 年 1 月签署后，FDA 启动应对计划，至今，主要专注在规章制定、指引开发、新的配套方案开发、运用新的管理工具建立和实施条款。

2014 年 5 月 2 日，美国 FDA 发布了《食品安全现代化法案》（FSMA）可行性策略文件，概括了 FDA《食品安全现代化法案》的变更之处以及实施修订法案的可行性策略。该可行性策略的重点在于《食品安全现代化法案》如何通过重点预防、自愿服从、风险管理、扩大食品安全领域促进公众健康。

FSMA 执行下一个阶段，FDA 除了继续开发规则和指引文件外，还需要开发使产业符合新的公共卫生预防标准的方法，建立预防为主的检查与取样方案以监督执行。FDA 还将建立生产商、加工商、

① 美国食品和药物管理局，http://www.fda.gov/Food/GuidanceRegulation/FSMA/ucm395105.htm。

分销商以及进口商在违规时的强制执行措施。

4. 美国 FDA 重新审查食品掺假的应对措施 ①

2014 年 5 月 23 日美国 FDA 发布经济利益驱动食品掺假（EMA）的处理方法。美国 FDA 建议处理 EMA 的两种方法是：食品安全现代化法案内针对蓄意掺假的食品防御框架；自愿性预防控制框架。美国药典委员会认为这两种方法都不能降低 EMA 的风险，建议 FDA 按照 EMA 的本质制定专门框架。制定一套混合方案，搭配 EMA 概率漏洞评估、公众健康风险评估以及漏洞控制方案以降低风险。

（二）欧盟继续开展健康声称评估

1. 欧盟委员会健康声称②

根据欧盟议会和欧盟理事会第 1924/2006/EC 号《关于食品营养和健康声称指令》，欧盟成员国须代表国内食品业和消费者，于 2008 年 1 月 31 日前向欧委会提交一份健康声称清单。在欧盟营养和健康声称法规的框架下，欧洲食品及安全局就总数约 4 600 项的健康声称进行科学评估，以判断该等声称能否成立。欧盟委员会咨询过欧盟理事会、欧洲议会及成员国有关当局的意见后，公布评核结果。2012 年欧盟委员会采纳食品健康声明 222 项，禁用超过 1 600 项。健康声称清单有助于在欧盟市场清除误导消费者的健康声称，确保消费者获得清晰准确的信息。清单有助食品生产商确定能否使用哪些健康声称，避免违规。有关当局亦可根据清单行事，核实某项健康声称是否误导，行政负担得以减轻。2014 年欧盟继续对未完成审核程序的健康声称进行评估。

---

① Maggie Hennessy. USP: *Food fraud should get its own class.* http：//www. foodproduction daily. com/Safety-Regulation/USP-Food-fraud-should-get-its-own-class.

② 欧盟 1924/2006/EC 指令对营养声明、健康声明、降低疾病危险性的声明等进行了定义和规定，包括使用此类声明的条件、科学证明、使用授权申请程序等内容。禁止含糊不清或不准确的食品营养健康标签及广告，禁止关于减轻体重的预期成效和个别医生推介的声明。

2. 欧盟拒绝批准酪氨酸等部分食品健康声称

2014 年 2 月 20 日欧盟发布（EU）No155/2014 委员会条例，拒绝某些食品健康声称，但不包括降低疾病风险和儿童成长、健康有关的声称。这些健康声称包括酪氨酸是多巴胺天然形成所必需的成分，铁有助防止非更年期妇女脱发，磷虾油可缓解关节不适等。

3. 欧盟批准一项叶酸补充剂的健康声称

2014 年 10 月 28 日欧盟发布法规（EU）No1135/2014，批准了一项关于叶酸补充剂的健康声称。新批准的健康声称为：母体摄入叶酸补充剂可以增加体内的叶酸含量。叶酸含量低是造成发育中的胎儿神经管缺陷的风险因素。使用条件为：仅限用于每天至少摄入 400μg 叶酸的情况。应告知消费者目标人群是育龄妇女，应在孕前至少一个月和孕后三个月每日摄入 400μg 叶酸。欧盟食品安全局的意见代码为 Q-2013-00265。

4. 欧盟否决八项食品健康声称

2014 年 10 月 29 日欧盟发布法规（EU）No1154/2014，否决八项关于食品的健康声称，因这些健康声称与降低疾病风险和儿童成长无关。这些健康声称包括：（1）锌：通过中和口腔内的挥发性硫化物（volatile sulphur compounds，VSCs）达到预防口臭的目的。（2）每日食用 Yestimun® 有助维持机体的致病菌防御能力。（3）Transitech® 可改善并持久调节肠道运输能力。（4）Bimuno® GOS：每日食用 1.37g 源自 Bimuno® 的低聚半乳糖，可降低腹部不适。（5）鼠李糖乳杆菌 GG 在口服抗生素治疗期间可维持正常排便。（6）VeriSol® P:特有的胶原蛋白肽混合物（水解胶原蛋白），可通过促进胶原蛋白和弹力蛋白的合成，从而增加皮肤弹性和减少皱纹的产生，对维持皮肤健康产生有益生理作用。（7）Urell® 中的原花青素有助于维持下泌尿道对细菌性病原体的防御能力。（8）Preservation®：通过加速热应激蛋白（heat stress proteins，

HSPs）的合成，改善对压力的生理反应并维持 HSPs 处于有效水平，以确保生物体做好准备以应对进一步的压力。

5. 欧盟批准一项不饱和脂肪酸可降胆固醇的健康声称

2014 年 11 月 18 日欧盟发布（EU）No1226/2014 委员会条例，批准一项不饱和脂肪酸可降胆固醇的健康声称。根据欧盟（EC）No1924/2006 的规定，发布食品健康声称需经欧盟委员会批准。本健康声称的全称为"将饮食中的饱和脂肪酸用不饱和脂肪酸代替可降低血液中的胆固醇，高胆固醇是冠心病发病的一个风险因素"。

6. 欧盟批准三项、否决五项食品健康声称

2014 年 11 月 18 日欧盟发布（EU）No1228/2014 号委员会条例，批准和否决某些食品健康声称和涉及降低疾病风险的健康声称。本次欧盟批准三项健康声称，否决五项健康声称。新批准的健康声称涉及钙、维 D 钙、维生素 D；否决的健康声称涉及大豆分离蛋白、植物固醇、二十碳五烯酸、氨基葡萄糖盐酸盐（Glucosamine hydrocloride）、植物固醇同 Cholesternorm mix 混合物。

7. 欧盟拒绝批准 7 种食品健康声称

2014 年 11 月 18 日，欧盟发布（EU）No1229/2014 委员会条例，拒绝批准 7 种食品健康声称，分别为：（1）Tuscan 黑卷心菜、三色唐莴苣、双色菠菜和"blu savoy"卷心菜组合产品：有助于保护血脂避免氧化性损伤；（2）红色菠菜、绿色菠菜、红菊苣、绿菊苣、绿叶甜菜、红叶甜菜、红色唐莴苣，金色唐莴苣和白色唐莴苣组合产品：有助于保护血脂避免氧化性损伤；（3）Tuscan 黑卷心菜、三色唐莴苣、双色菠菜和"blu savoy"卷心菜组合产品：维持正常的血胆固醇浓度；（4）红色菠菜、绿色菠菜、红菊苣、绿菊苣、绿叶甜菜、红叶甜菜、红色唐莴苣、金色唐莴苣和白色唐莴苣组合产品：维持正常的血胆固醇浓度；（5）香叶木苷、曲克芦丁和橘皮苷组合

产品：含有 300mg 香叶木苷、300mg 曲克芦丁和 100mg 橘皮苷的类黄酮混合物是维持生理静脉—毛细血管通透性的有效辅佐剂；（6）香叶木苷、曲克芦丁和橘皮苷组合产品：含有 300mg 香叶木苷、300mg 曲克芦丁和 100mg 橘皮苷的类黄酮混合物是维持生理静脉张力的有效辅佐剂；（7）大麦茶 "Orzotto"：有助于保护血脂避免氧化性损伤。

（三）日本进口食品监管

日本 60% 的食品依赖进口，为重点、有效地实施进口时的检查及对进口商的监视指导，确保进口食品的安全，日本每年制订进口食品监督指导计划，厚生劳动省以《×年度日本进口食品的监视指导计划》的形式公布。监视计划的详细信息包括 4 个栏目：食品、检测项目分类、计划检测数量、计划检测总数。实施的监视指导的项目包括：确认进口申报时有无违法情况发生，监控检查，命令检查，综合性禁止进口规定，根据海外信息等实施的紧急对策。促进出口国的卫生措施包括：要求出口国政府订立卫生管理措施，通过实地调查或两国协商来促进及加强农药等的管理、监视体制及出口前的检查。进口商实施自主卫生管理的相关指导包括：进口商谈，初次进口时以及定期性自主检查的指导，保存记录的相关指导，对进口商等普及食品卫生的相关知识。

根据《食品卫生法》（1947 年第 233 号法律）第 28 条的规定，2014 年 3 月 28 日，日本厚生劳动省医药食品局发布食安发 0328 第 1 号：公布日本 2014 年度（2014 年 4 月 1 日至 2015 年 3 月 31 日）进口食品监视指导计划。计划书指出，2014 年度，进口至日本的食品、添加剂、器具、容器包装以及玩具等产品（以下简称"食品等"）的年均进口申报件数约 218 万件，进口的重量约 3 215 万吨（以上均为 2012 年度实际值），根据日本农林水产省发布的食品供求表显示，日本对进口食品的依存度（供给热量综合食品依存度）约为 60%。

（四）印度监管体制改革

印度作为新兴市场经济国家和人口大国，随着经济的快速发展以及社会的急剧转型，食品安全问题重重。印度政府将食品安全监管改革列入优先实施计划，实施食品安全监管改革方案，计划投资13亿美元，在印度的"十二五"（2012～2017年）期间完成改革，主要包括：设立地方食品安全标准局；设立国家食品科学与风险评估中心；构建多层次、健全高效的检测体系；开展食品安全教育；设立食品安全有奖举报制度。政府将投资4.4亿美元在全国640个地区均设立食品安全与标准局（FSSAI）的分支机构，负责该地区的食品安全监管工作。此外，还将投资3.1千万美元设立国家食品科学与风险评估中心，该中心由印度食品安全与标准局直接管理。该中心将负责食品安全监管法规研究、风险评估、制定食品标准、食品安全事故调查等工作，与国际食品安全研究机构如美国食品安全与应用营养中心开展合作。此外还负责分析各食品安全检测机构的检测数据。政府将构建多层次、健全高效的检测体系，为加强整个国家食品安全监管提供技术支撑。在每4～5个地区投建一家食品安全检测机构负责该区域的基本检测业务；在每10个地区将投建区域检测机构，负责该区域的农兽药残留和重金属的检测。同时，还将投资10家基准检测实验室和一些移动检测实验室，政府将投资升级现设在孟买和加尔各答的检测机构。政府还将投资1.04亿美元进行食品安全教育，提升国民的食品安全意识。设立食品安全有奖举报制度，对举报者进行现金奖励。

三、2014年主要国家和地区食品生产经营者责任承担

生产经营者是食品安全第一责任人。产业链各环节的食品生产经营者遵循高质高效的食品安全流程，依据相应的质量安全标准，对自身的业务范围和活动过程实施管理，是食品安全有效控制的基

础。要生产安全的食物，不仅要求产业链各主体共同承担责任，也要通过清晰的立法和协议方式明确食物链中不同主体所应承担的不同责任，同时保持各参与者之间信息共享，共同保障食品安全。

（一）全球食品安全倡议（GFSI）强调健全的安全系统

GFSI 是一项由行业推动的倡议，以食品安全为原则，主要目标在于加强全球食品安全，切实保护消费者，增强消费者的信任度，建立必要的食品安全计划，通过食品供应链改进效能。2014 年 8 月 27 日至 28 日，第三届全球食品安全倡议（GFSI）中国主题日主题"食品安全：全球共同的责任"，该活动旨在持续支持和推动食品安全领域国际交流与合作，促进中国吸收借鉴食品安全的国际先进经验，推动国内食品安全环境改善。GFSI 指出，健全的安全系统意味着安全、优质的食品，与制造商的规模大小无关。与中等规模的自有品牌制造商合作的零售商会发现，这些制造商所采用的食品安全体系的水平与世界最大制造商并无差别。规模大小并不重要，重要的是投入时间和金钱并紧跟趋势的意愿。

（二）美国

1. 美国食品企业建立食品防护计划

2014 年美国 84% 的食品加工企业已建立食品防护计划。美食品安全检验局（FSIS）对美食品加工企业建立食品安全防护计划情况调查结果显示，在 2013 年到 2014 年期间，美食品企业建立食品安全防控计划的比例从 83% 上升到 84%。2014 年，98% 的"大型企业"、91% 的"小型企业"和 77% 的"极小型企业"已建立了食品防护计划，但 FSIS 没有说明不同规模企业的划分依据。虽然法律上没有规定食品加工企业必须建立食品防护计划，但 FSIS 鼓励企业建立食品防护计划以防止蓄意掺杂。FSIS 从 2006 年开始每年对食品加工企业建立食品防护计划情况进行调查，当时仅有 31% 的企业建立了食品防护计划，而到 2010 年已有 74% 的企业建立了食品防护计划。FSIS 的目标是到 2015 年，90% 以上的美国食品加工企业建立食品防护计划。

2. 美国食品杂货制造商协会提出食品成分安全现代化评核方案①

美国食品杂货制造商协会（Grocery Manufacturers Association）是代表美国食品及饮料公司的最大业界组织，最近公布一项食品成分安全评核程序现代化方案，改善食品添加成分获发公认安全认证（GRAS）的裁决过程。新方案提出 5 项措施：

该协会将带头订立标准，借此提供清晰指引，以便进行透明和最先进的食品成分安全评核。这些先进的评核程序将列入一项用于公认安全认证裁决的公开可用标准之中。这项公开可用标准将成为一项以科学为基础的框架，具体订立严谨及透明的食品成分安全评核程序。标准内的程序亦可以确保公认安全认证评核符合美国《联邦食品、药物及化妆品法》的监管规定。这项公开可用标准将由一个独立的技术专家机构制定，整个过程会对外公开，相关人士可以参与其中。标准适用于由独立官方认证机构进行的认证。

该协会正制订计划，确保美国食品及药物管理局提升公认安全食品成分的可见度。方法是建立由协会资助的数据库，提供所有由食品业进行的公认安全认证评核资料，而美国食品及药物管理局及其他相关人士均可获取这些资料。

该协会将扩充公认安全认证的教育及训练计划，以进一步提升科学家对包装消费品业使用的公认安全认证成分的评核能力。此外，协会在密歇根州大学成立了一个独立学术中心，专门研究食品及消费品所含成分的安全性。

该协会会员承诺采纳一项实务守则，以改善公认安全认证的评核程序。守则详列会员的承诺，在进行评核时会遵从公开可用标准

———————————

① http：//www.gdfii.com/newsfileinfo.aspx？id=183。

内订明的程序、向数据库提供最新资料，以及确保雇员在公认安全认证程序方面得到充分训练。

该协会将实行一项通报计划，向相关人士及消费者通报业界为提升评核程序的严谨诚信而采取措施。

该协会相信，业界实施上述方案，并持续遵行《食品安全现代化法》的规定，可巩固整个食品业的食品安全计划，为消费者提供更多保障，确保美国食品制造商生产的食品是全球最安全的食品。

（三）欧盟食品掺假预警系统

欧盟食品法律体系明确了生产经营者第一责任人原则。食品和动物饲料生产者对于食品的安全卫生负有不可推卸的、重要的责任，他们的行为是食品安全的第一道防线。欧盟委员会强调，食品行业应该把公众健康放在首位，以保证从田间地头到厨房餐桌整个过程的绝对安全。保证安全最有效的办法是对供应链各个环节涉及的每个人都规定具体责任。只有安全的食品和饲料才允许进入市场销售，不安全的食品和饲料必须退出市场。欧盟食品法律体系还建立了引人注目的可追溯性的规则：所有食品、动物饲料和饲料成分的安全性，都可以通过从农场到餐桌整个过程的有效控制加以保证。

2013 年年初欧洲发生震惊社会的"马肉充牛肉"食品造假丑闻，造成人心惶惶。为严打食物造假，2013 年 10 月欧盟草拟报告打击食品造假。报告根据学术研究、警方记录和产业咨询结果，列出"十大易造假食品黑名单"，橄榄油、鱼类、有机食品、牛奶、谷类、蜂蜜与枫糖浆、咖啡与茶、调味料、葡萄酒和果汁。[①] 2014 年 3 月 29 日为了解某些食品销售中存在的欺诈行为，欧盟发布第二次协调控制计划的委员会建议 2014/180/EU，目的是了解牛肉制品中是否

---

① "橄榄油排首位 欧盟草拟十大易造假食品黑名单"，载 http: // shipin. people. com. cn/n/2013/1021/c85914-23272673. html。

221

含有未标示的马肉。① 欧盟委员会 7 月 24 日发布的公报显示，第二轮欧洲范围内的牛肉制品样品检验显示，仅有 0.61% 的样品在未标示马肉成分的情况下含有马肉 DNA，比一年前首次测试结果（4.6%）明显好转。②

马肉风波是英国"疯牛病"以来欧洲最大一次食品行业丑闻，欧洲各行各界纷纷用放大镜检查食品供应链上的各个环节，进行深刻反思。欧洲食品加工链溯源体系的某些监控环节还需要得到进一步加强。为此，欧盟委员会将与欧盟成员国和其他欧洲国家继续紧密合作，增强欧洲处理食品欺诈事件的能力，其中包括建立欧盟食品欺诈网络等。

2014 年 10 月 28 日，欧盟拟在 2015 年年初推出食品掺假预警系统，用于预防"马肉事件"这类食品安全事件的再次发生。在企业和政府监管机构间建立良好的沟通交流机制，是食品掺假预警系统的关键点和重要内容。该系统将与欧盟食品饲料快速预警系统（RASFF）类似，在各成员国之间进行数据共享。

四、2014 年主要国家和地区食品安全环境治理状况

（一）联合国呼吁保护土壤资源③

联合国宣布 2015 年为国际土壤年，目的是提高公众认识并促进对土壤这一重要资源的可持续利用。2014 年 12 月 5 日国际土壤日，粮农组织启动 2015 "国际土壤年"，聚焦人类无声的盟友及其面临的风险。健康的土壤对全球粮食生产至关重要，我们需要健康土壤帮

---

① "欧盟发布协调控制计划打击食品欺诈行为"，载 http://news. foodmate. net/2014/04/260968. html。

② 王龙云："欧盟平息'马肉风波'打击商业欺诈化解道德风险"，载《经济参考报》2014 年 8 月 1 日。

③ "粮农组织启动 2015 国际土壤年"，载联合国粮农组织，http://www. fao. org/news/story/zh/item/270942/icode/。

助我们实现粮食安全和营养目标，应对气候变化，确保全面可持续的发展。但是，我们却没有给予这一重要"无声盟友"足够的重视，全球 33% 的土壤资源正在退化，而且人类给土壤造成的压力已达到临界值，导致土壤基本功能的下降，甚至完全丧失。因此，我们必须以可持续的方式管理土壤，调动农民组织、技术机构、政策制定者、公共和私营部门以及土壤科学家等所有利益相关者的积极参与，推动土壤资源和土壤功能的可持续利用以及将其纳入决策来解决粮食安全与营养、可持续农业与发展等。

（二）WHO 呼吁改善厨房空气质量

2014 年 11 月 12 日世卫组织公布《世卫组织室内空气质量指南：家用燃料燃烧》，强调了在家中使用未经处理的煤炭和煤油等燃料的危险，并确定了减少家用炉灶、空间加热器和油灯排放的有损健康的污染物的指标。世卫组织研究结果显示，全球每年共有 700 多万人因暴露于室内或室外的空气污染而死亡，这占全球死亡总数的 1/5。据估计，全世界每年共有大约 430 万人死于简陋的生物质炉灶和煤炉排放的家庭空气污染。全世界仍有近 30 亿人无法获得清洁的烹饪、取暖和照明燃料及技术。每年高达数百万人死于家中空气污染。

该指南强调迅速扩大发展中国家中家庭获得更清洁和更先进烹饪和取暖设备及灯具的机会。具体措施包括：确定各种家用器具的一氧化碳和微细颗粒物的排放指标；停用未经处理的煤炭作为家用燃料；停用煤油作为家用燃料。其中，微细颗粒物的排放指标：有烟囱或有罩盖的器具不超过 0.80 毫克/分钟；无排风装置的炉灶、加热器和油灯不超过 0.23 毫克/分钟。一氧化碳的排放指标：有罩盖或有烟囱的器具不超过 0.59 克/分钟；无排风装置的炉灶、加热器和油灯不超过 0.16 克/分钟。

(三) 畜牧业与环境①

最近几十年来，畜牧生产迅速增长，发展中国家中尤其如此。畜牧业的这一发展正在日益增加对世界自然资源的压力：放牧草地受到退化的威胁；为了种植家畜饲料而砍伐森林；水资源日益稀少；空气、土壤和水污染在加剧；适合地方情况的动物遗传资源正在丧失。全世界 20% 左右的草地和牧场（70% 以上的牧场在干旱地区）出现了一定程度的退化，主要是由于牲畜饲养活动造成放牧过度、土壤夯实和侵蚀。畜牧业增加的产量大多来自主要城市中心周围密集的工业化农场。如此大量集中的动物靠近人口密集的地区，往往带来大量的污染问题。主要的污染源是动物粪便、抗生素和荷尔蒙、制革业的化学物品、饲料作物使用的化肥和农药以及被侵蚀草场的沉积物。因此，畜牧业及其发展途径产生了迫切需要解决的深远而广泛的环境影响。

联合国粮农组织称，到 2050 年时，全球对畜产品的需求量预计将增加 70%。与畜牧业供应链相关的温室气体年排放量约占人类造成的温室气体总排放量的 14.5%。为此，粮农组织提供有关畜牧部门的全面可靠的评估，包括其环境影响和减缓潜力，以及伴随出现的对粮食安全和减贫的影响。同时，粮农组织促进并积极参与多方伙伴关系，广泛团结各利益相关方（公共部门、私营部门、生产企业、民间社会和社区组织、研究和学术界及捐助者）：一是支持可持续畜牧业全球议程。旨在推动多方利益相关者行动起来，改善该部门自然资源的利用，同时确保促进粮食安全和生计。畜牧业环境评估及绩效伙伴关系。二是重点是针对本部门制定广泛认可的具体指导方针（度量和方法），用来测定和监测畜牧部门的环境影响。倡导促进畜牧业的可持续发展，有助于改善粮食安全和减轻贫困，同时减少对环境的影响和资源的使用。

---

① http：//www.fao.org/news/story/zh/item/198241/icode/。

（四）饮用水①

饮用水的安全性和可及性是全世界关注的一大问题。饮用被传染因子、有毒化学品和放射性危害污染的水可产生健康风险。提高安全饮用水的可及性可促成切实改善健康。2010 年 7 月 28 日，联合国大会宣布，安全的清洁饮用水和卫生设施是一项人权，只有实现此项人权，才能充分享受生命权和其他人权。全球约 11 亿人不能获得改良的供水源，24 亿人不能获得任何类型的改良卫生设施。每年约有 200 万人死于腹泻病，其中多数是 5 岁以下儿童。受影响最大的是发展中国家生活在极端贫穷条件下的人群，通常是城郊或农村居民。

世卫组织儿童基金会报告《饮用水和卫生设施的进步：2014 年最新情况》称，1990 年以来，全球有将近 20 亿人获得了经改善的卫生设施，23 亿人获得了来自改善水源的饮用水。这些人中大约有 16 亿人在其家中或院落中接通了自来水管，该报告还强调了在获得洁净水和更好的卫生设施方面，城乡之间的差距日益缩小。尽管取得了这些进步，世界范围在获得经改善的饮用水和卫生设施方面仍然存在显著的地理、社会文化和经济不平等。2014 年 11 月 19 日，根据世卫组织代表联合国水机制发布的一份新报告，全球为所有人提供改良饮用水和环境卫生的努力势头日益强劲，但资金重大缺口依然妨碍着前进步伐。"饮用水安全框架"需要不同利益相关者，包括国家管理机构、供应商、社区和独立"监督"机构共同致力于从水资源到消费者的预防性管理举措。

五、2014 年主要国家和地区食品安全标准动态

食品安全标准是政府监管的依据，是生产经营者生产安全食品

---

① http：//www. who. int/water_sanitation_health/zh/。

的标准，也是消费者选择安全食品的标准。2014 年各国政府积极通过若干新的或修订的食品安全和质量标准，保障消费者的健康、提高食品质量、促进食品贸易。

（一）食品法典委员会（CAC）修订标准

1. 食品法典委员会（CAC）修订多项食品安全标准①

食品法典委员会是一个透明的、为食品安全标准寻求共识的国际平台，不仅向各国政府开放，也向代表消费者、科学家和食品生产商的民间社会开放。法典标准是非强制性的，但在 1995 年世界贸易组织（世贸组织）实施卫生与植物卫生措施协定中已获得食品安全国际基准的地位。

第 37 届国际食品法典委员会大会于 2014 年 7 月 14 日～18 日在瑞士日内瓦举行。来自 170 个成员国和 1 个成员组织（欧盟），以及 28 个国际政府和非政府组织的代表参加了会议。会议通过了 29 项国际食品法典标准，批准了 18 项国际食品法典标准的新工作。通过的 29 项国际食品法典标准中，包括中国担任主持国的国际食品添加剂法典委员会和国际农药残留法典委员会所提交的上百项食品添加剂和农药残留限量标准，也包括中国作为工作组组长牵头起草的大米中砷限量标准。

会议讨论通过一系列新的食品安全标准，包括重金属、农残等限量标准以及部分操作规范。新通过的食品安全标准可分为以下几个方面：（1）农残限量：CAC 提议将香蕉中敌草快的最大残留限量修订为 0.02mg/kg，将丙环唑在李子中的最大残留限量修订为 0.6mg/kg。（2）玉米与玉米产品当中伏马菌素的最大限量：CAC 将玉米当中伏马菌素的限量定为 4mg/kg，将玉米粉与玉米制品当中的限量定为 2mg/kg。（3）无机砷在大米当中的残留限量：CAC 建议将

---

① http：//www.cfsa.net.cn/Article/News.aspx？id = CB06AF0428E55F4FFC9AB033227428A597765905D8B092BC。

无机砷在大米当中的残留限量定为 0.2mg/kg。（4）婴儿配方食品当中的铅含量：CAC 将婴儿配方食品当中铅残留限量定为 0.01mg/kg。（5）部分食品添加剂的最大残留限量：CAC 提议修订一系列食品添加剂在意大利面、鱼、蔬菜、婴儿奶粉等食品中的最大残留限量。（6）百香果、榴莲、秋葵标准：CAC 制定了百香果、榴莲、秋葵的卫生、成熟度、贮藏方式等最新质量标准。（7）新鲜与速冻扇贝产品标准：CAC 建议扇贝肉当中的磷酸盐含量应不超过 2 200mg/kg。（8）兽药：CAC 建议禁止部分药物用于产肉动物，同时还建议部分药物在肉、乳、蛋、蜂蜜当中的残留限量。（9）香料与干制草本香料植物的卫生操作规范。此外，CAC 采纳了一系列操作规范，用于各个生产环节降低污染，确保消费者健康。具体包括生产选址、人员健康与卫生状况、设备、贮藏与运输等方面。

2. 国际食品法典委员会发布 2014 版食品添加剂通用标准

2014 年 9 月 12 日，国际食品法典委员会发布 2014 版食品添加剂通用标准（CODEX STAN 192—1995），新版包含了第 37 届 CAC 会议和 2014 年度报告通过的内容。新版标准包含了食品中可用的食品添加剂、可使用添加剂的食品、不可使用添加剂的食品以及食品添加剂的最大使用量。

（二）美国修订食品安全相关标准

1. 包装标示标准

美国大修标签。2014 年 2 月 27 日美国第一夫人米歇尔·奥巴马 27 日与 FDA 共同提出了一项食品营养标签改革方案，这是美国食品营养标签实施 20 年以来首次面临大幅修改，旨在保护消费者的知情权、帮助消费者选择健康食品、缓解美国的肥胖率、维护公众健康。新的营养标签将会以更大、更醒目的字体显示卡路里含量，还会首次显示人工添加糖的含量。新的营养标签还将更实际地描述食品的营养成分，这将帮助美国人解决购买食品时的困惑，比如一个食品容器包含多少份量，一个份量含有多少卡路里等。新的营养标签还会增加钾，维生素 D 的含量描述，并继续保留脂肪总量、饱和脂肪、反式脂肪含量描述。

美国 FDA 发布禁止营养素 DHA 等含量声称的规则。2014 年 4 月 25 日，FDA 发布关于禁止包含 ω－3 脂肪酸二十二碳六烯酸（DHA），二十碳五烯酸（EPA）和 α－亚麻酸（ALA）的食物中某些营养素含量声称的最终规则。该规则禁止在食品，包括膳食补充剂的标签中陈述、声称该产品是 "高" DHA 和 EPA 的，以及同义词，如 "富有" 和 "极好来源" 等。

美国延长营养和补充剂成分标签拟议条例评议期。2014 年 5 月 27 日，据美国 FDA 消息，2014 年 3 月 3 日美国 FDA 在联邦公报发布两项食品营养成分标签拟议条例并征求意见。应有关方面请求，美国 FDA 于 5 月 22 日将评议期延长两个月，截止日期变更为 2014 年 8 月 1 日。美国 FDA 提议最新食品营养标签法规，应体现饮食与健康之间的联系，便于让消费者作出更好的选择。本次标签修订将更新过时的食用分量要求，并将标签主要部分（如能量、使用分量）作以突出标示，修订多种营养素的每日营养摄入量，如钙、膳食纤维和维生素 D 等内容。

2. 添加剂标准

美国允许在动物饲料和饮用水中使用苯甲酸。2014 年 3 月 13 日，FDA 发布允许食品添加剂苯甲酸作为猪饲料酸化剂在动物饲料和饮用水中使用。详情如下：（1）添加剂的使用或拟用作饲料酸化剂，降低 pH 值，在完整的猪饲料的用量不得超过全部饲料的 0.5%。（2）该添加剂包括不小于 99.5% 的苯甲酸（CAS 号 65－85－0）按重量计为 2－甲基联苯，3－甲基联苯基，4－甲基联苯基，苄基苯甲酸酯，和异构体不超过 0.01%（重量）二甲基联苯的总和。（3）为确保安全，使用的添加剂中除了由联邦食品、药品和化妆品法和本节

（b）段所要求的其他信息，标签和标识应包括：添加剂的名称；适当的使用说明，包括一份声明，苯甲酸必须统一适用并充分混合在整个猪饲料中，整个猪饲料应标示含有苯甲酸的处理；适当的警告和有关苯甲酸的安全防范措施；警告声明，说明苯甲酸有刺激性的可能；意外暴露的情况下紧急援助的有关信息；联系地址和不良反应报告的电话号码或者索取材料安全数据表（MSDS）的副本。

美国 FDA 拟批准动物中使用 25-羟基维生素 D3。2014 年 3 月 26 日，FDA 宣布，根据帝斯曼营养产品公司申请，拟批准在火鸡饲料中安全使用食品添加剂 25-羟基维生素 D3。

美国 FSIS 更新用于生产肉、家禽和蛋制品的配料列表。2014 年 4 月 14 日，美国食品安全检验局（FSIS）发布用于生产肉、家禽和蛋制品的安全及适合配料 7120.1 号指令，为检查项目人员（IPP）提供了更新后的可用于生产肉、家禽和蛋制品的物质列表，为相关检查人员提供了检查依据，以确保美国国内食品安全。

美国允许电离辐照用于食用甲壳动物。2014 年 4 月 14 日美国 FDA 修订食品添加剂法规，允许电离辐照用于甲壳动物。为控制食源性致病微生物以及延长产品保质期，允许电离辐照用于预冷或冷冻的生鲜、成品或半成品甲壳动物或干制甲壳动物（水活度小于 0.85），不论其是否含香料、矿物质、无机盐、柠檬酸盐、柠檬酸、或螯合剂 EDTA，同时规定产品中吸收剂量不得超过 6.0kGy。

美国 FDA 制定维生素 D3 作为营养强化剂用于代餐饮料以及肠内喂养食品的限量。[①] 2014 年 8 月 12 日美国 FDA 发布通报，修订食品添加剂法规，制定维生素 D3 用于代餐饮料与肠内喂养的限量。批准维生素 D3 作为营养强化剂用于代餐饮料（不适用于减重或维持体重的特殊膳食），限量为 500 IU/240 mL，每天摄入量不超过 1 000IU；批准维生素 D3 用于肠内喂养唯一营养来源的食品中，限量为 1.0 IU/千卡。

---

① http：//www.tbt-sps.gov.cn/page/cwto/listNews.action。

FDA 撤销关于禁止在婴儿食品中添加卡拉胶的申请。[①] 2014 年 9 月 2 日，美国 FDA 发布公告，撤销关于禁止在婴儿食品中添加卡拉胶及卡拉胶盐的申请。该申请于 2013 年 7 月 19 日提交，同时申请对食品添加剂法规和 GRAS（公认安全的物质）列表进行修改，禁止在婴儿食品中添加卡拉胶及卡拉胶盐。

3. 农药、兽药残留标准

美国环保署制定杀菌剂氟嘧菌酯（Fluoxastrobin）的残留限量要求。2014 年 4 月 11 日，美国环保署制定杀菌剂氟嘧菌酯的残留限量要求。限量要求：小麦籽粒（0.15ppm）、奶（0.03ppm）、含脂奶（0.75ppm）。

美国制定氰氟虫腙（metaflumizone）和丙氧喹啉（proquinazid）的残留限量要求。2014 年 4 月 4 日，美国环保署制定杀虫剂氰氟虫腙和杀菌剂丙氧喹啉的残留限量要。限量要求：氰氟虫腙：茄子 1.5ppm、辣椒 1.5ppm、番茄 0.6ppm、番茄酱 1.2ppm；丙氧喹啉：葡萄 0.5ppm、葡萄干 1.0ppm。

美国修订丙环唑的残留限量要求。2014 年 4 月 2 日，美国环保署发布对丙环唑（Propiconazole）的残留限量要求。限量要求（ppm）：油菜子组 0.30ppm。

美国修订氯吡脲（Forchlorfenuron）的残留限量要求。2014 年 4 月 2 日，美国环保署发布对氯吡脲的残留限量要求。限量要求：杏仁 0.01ppm、杏仁壳 0.15ppm、甜樱桃 0.01ppm、无花果 0.01ppm、梨 0.01ppm、开心果 0.01、鲜李子、西梅 0.01ppm。

美国修订种菌唑（Ipconazole）的残留限量要求。2014 年 3 月 19 日，美国环保署发布对种菌唑的残留限量要求。限量要求：豆类蔬菜（组 6）0.01ppm。

美国修订咪唑菌酮（Fenamidone）的残留限量要求。2014 年 3

---

① http：//www.toypf.com/news/show.php？itemid=2706。

月 12 日，美国环保署发布对咪唑菌酮的残留限量要求。限量要求：多汁豆类（除豇豆）0.80ppm、人参 0.80ppm、洋葱（亚组 3-07A）0.20ppm、青葱（亚组 3-07B）1.5ppm。

美国 FDA 在食用动物养殖中取消 16 种抗生素。FDA 2014 年 4 月 10 日宣布，受行业指南（GFI）#213 影响，5 家药物赞助商举行兽药应用发布会表示，为响应 FDA 要求取消 19 种兽药的批准申请，将不准再生产或销售这些药品。其中 16 份受 GFI#213 约束的。该指南概述了 FDA 的计划，以通过逐步淘汰某些抗生素使用到食用动物养殖中。这些抗生素包括磺胺甲嘧啶、磺胺喹喔啉、氧四环素、红霉素、湿霉素乙、新霉素、泰乐菌素、磺胺氯吡嗪、碳霉素、林可霉素、金霉素等。

4. 操作规程及检验方法标准

美国 FDA 修订新婴幼儿食品管理要求。为确保婴幼儿健康成长，美国食品药品管理局 2014 年 2 月 6 日公布新婴幼儿食品管理要求草案，对婴幼儿食品生产企业提出新标准和要求。新管理措施包含两份文件草案，一是非正常婴幼儿（如早产儿）的食品生产指南，二是关于生产企业如何证明其产品满足所规定的质量要求的指南。2014 年 7 月 15 日美国 FDA 修订婴儿配方奶粉食品法规最终规则通过，包括建立现行良好生产规范要求、审计；建立质量要求因素；修改质量控制程序；婴儿配方奶粉的通知，记录和报告要求。发布的最终规则有助于防止婴幼儿食品的掺假行为，给婴儿使用婴儿配方奶粉产品提供更大保护。

美国农业部通过家禽屠宰新规则。2014 年 7 月 10 日，美国农业部通过基于《食品安全现代化法案（FSMA）》的新版家禽屠宰规则。新规则通过了将家禽加工速度由 140 只/分钟增加到 175 只/分钟。该规则曾经引发了包括消费者协会和工会在内的反对意见，认为这一改动会增加职工的劳动强度，会对家禽的产品质量产生影响。同时，新版的家禽屠宰规则降低了检测频率，减少了检测成本。新规则将对美国和向美国出口的家禽产生重要影响。

美农业部发布家禽检测最新规则。2014 年 9 月 9 日美国农业部发布新的家禽检验规则。新规则要求家禽加工工厂对沙门氏菌和弯曲杆菌至少每班还要检查两次。新规则引进第五代检测系统（NPIS），美国家禽工厂可自愿采用。新家禽检测系统（NPIS）是基于 HACCP 验证检验模式（HIMP）建立，指导家禽公司在将产品呈交 FSIS 检测之前先整理自己产品的质量缺陷。要求工厂采用 NPIS 系统监测与上报工伤事件，FSIS 再向美国职业安全与保健管理总署（OSHA）报告。

（三）欧盟修订食品安全相关标准

1. 包装标示标准

欧盟于今年年底实施食品标示法规。食品的包装、标示是食品监管的重点之一。2014 年 12 月 13 日欧盟实行新食品标示法规，该法规要求所有预包装食品（包括含酒精饮料）配料表中对"过敏源"存在情况进行标示。欧盟规定的食品过敏源包括麦麸蛋白、甲壳动物、软体动物、蛋类、鱼、花生、坚果、大豆、牛奶、芹菜、芥末、芝麻、羽扇豆及二氧化硫 14 种。据法规要求，固体食品中过敏源含量超过 10mg/kg，液体食品过敏源含量超过 10mg/L 的均需进行标注。

欧盟修订食品标示法规。2014 年 1 月，欧盟发布（EU）No78/2014 号法规，修订（EC）No1169/2011 号法规的附件 II 和附件 III。主要修订如下：（1）附件 II 引起过敏的物质或产品中第 1 点，含有麸质的谷物，即小麦、黑麦、大麦、燕麦、斯佩尔特小麦、远古硬质小麦（Kamut）或其杂交菌株及其他产品，不包括：① 小麦基葡萄糖浆包括葡萄糖；② 小麦基麦芽糊精；③ 大麦制成的葡萄糖浆；④ 用于酒精蒸馏的谷物。修订为：含有麸质的谷物，即小麦〔包括斯佩尔特小麦和东方小麦（khorasan wheat）〕、黑麦、大麦、燕麦或其杂交菌株及其他产品。（2）附件Ⅲ标签中需标注一种或多种详细情况的食品其中 5.1 中第（3）点，声明食品专门用于需要降低血胆固醇水平的人群。修订为：声明食品不能用于不需要控制血胆固醇水平的人群。

欧洲议会要求肉类标签标注动物出生地。欧洲议会环境、公共卫生与食品安全委员会 2014 年 1 月 22 日对欧委会提出的肉类食品标签建议表示反对。议员引用了最近发生的食品丑闻和消费者对肉产品原产地的关注，认为欧委会的建议将误导消费者。欧委会的建议中要求食品标签中标注饲养场和屠宰场，但没有提出标注出生地的要求。起草决议的英国社会民主党议员 Willmott 称，希望所有的肉类都标注出生地、饲养场和屠宰场，如同目前对牛肉的要求，这能使消费者看到动物旅行的距离，是否在具有良好动物福利标准的国家饲养过。议员们认为，在最近的肉丑闻之后，肉的原产地是消费者的首要关注。马肉风波表明，应该在可追溯性和消费者信息方面制定更为严格的规定，这也是消费者所需要的。欧洲消费者组织主席 Monique Goyens 认为，消费者希望确切地知道餐桌上的肉来自何处，而希望知道原产地的消费者有 90% 希望知道完整的信息。要在食品行业特别是肉类行业重建信心，没有理由只给消费者部分信息。环境委员会议员认为欧委会应该撤回该法规，按照目前牛肉原产地要求加入标注出生地的要求。

欧洲食品安全局配方奶粉新建议。2014 年 7 月 24 日欧洲食品安全局饮食、营养和过敏专家委员会提出配方奶粉新建议，就一岁以内婴儿配方奶粉的主要指标降低了对蛋白质含量的要求，新建议的原则是确保配方奶粉安全，满足婴儿的营养需求，并促进婴儿的成长和发育，但科学研究表明，母乳仍是喂养婴儿的最佳选择。

2. 添加剂标准

欧盟将 19 种调味物质从食品添加剂允许列表中删除。

2013 年 6 月实施的新欧盟授权食品添加剂列表是根据欧盟委员

会法规（EC）No1129/2011 建立，其使用条件在欧盟（EC）食品添加剂第 1333/2008 号法规附件二中列出。只有包括在欧盟授权的食品添加剂列表中的食品添加剂才能在特定条件下使用。新的欧盟添加剂列表将进一步加强对消费者的保护，向食品经营者提供更大的清晰度。

2014 年 3 月 14 日欧盟委员会发布（EU）No246/2014 号条例，修订（EC）No1334/2008 法规附录 I，将 19 种调味物质从允许列表中删除。欧盟委员会认为，欧洲食品安全局尚未完成部分评估，而且 19 种调味物质负责人撤销了申请，因此，将这 19 种物质从允许列表删除，这包括 2-乙基噻吩、2-甲基噻吩、3-甲基噻吩、二乙基三硫等。

3. 农药残留标准

2008 年 9 月 1 日，欧盟正式实施新的农药残留标准体系，对欧盟各成员国实行统一的农产品和食品的农药残留标准。适用的产品有 300 多种，其中包括水果、蔬菜、调味料、谷物和动物产品等，对未被授权使用的杀虫剂或对人体健康有害的杀虫剂，规定其残留限量不得高于 0.01ppm。欧盟每隔几年就要修订部分农药残留标准，更新频率相对较高。2014 年欧盟继续修订农药残留标准，如：

欧盟修订 11 种农药的最大残留限量规定。据欧盟公报 3 月 22 日消息，欧盟发布（EU）No289/2014 号委员会条例，修订甲酰胺磺隆（foramsulfuron）、四唑嘧磺隆（azimsulfuron）、碘甲磺隆（iodosulfuron）、环氧嘧磺隆（oxasulfuron）、甲基二磺隆（mesosulfuron）、啶嘧磺隆（flazasulfuron）、唑吡嘧磺隆（imazosulfuron）、霜霉威（propamocarb）、联苯肼酯（bifenazate）、氯苯胺灵（chlorpropham）、禾草丹（thiobencarb）11 种农药的最大残留限量。对于 2014 年 4 月 11 日之前合法生产的产品可继续适用修订前限量。本法规自发布之日起第 20 日生效，并于 2014 年 10 月 11 日实施。

欧盟修订 3 种农药的最大残留限量。2014 年 3 月 28 日，欧盟发布（EU）No318/2014 号委员会条例，就氯苯嘧啶醇（fenarimol）等 3 种农药在部分产品中的最大残留限量修订（EC）No396/2005 号法规。这 3 种农药分别为：氯苯嘧啶醇（fenarimol）、氰氟虫腙（metaflumizone）、氟苯脲（teflubenzuron）。

欧盟修订食品污染物橘霉素的限量法规。2014 年 4 月 11 日，欧盟发布（EU）No212/2014 号法规，修订了（EC）No1881/2006 号法规中关于食品中污染物桔霉素在基于红曲霉发酵大米的食品补充剂中的最大限量值为 2 000μg/kg。

欧盟修订伊维菌素在动物源食品中的最大残留限量。2014 年 4 月 24 日，欧盟发布（EU）No418/2014 号法规，修订（EU）No37/2010 号法规中关于伊维菌素在动物源食品中的最大残留限量。所有哺乳动物食品生产品种中，肌肉和肾脏伊维菌素最大残留限量 30μg/kg，脂肪和肝脏伊维菌素最大残留限量 100μg/kg，不适用于产奶动物。

欧盟公布（EU）No752/2014 农药残留新标准。2014 年 7 月 15 日，欧盟发布法规（EU）No752/2014，修订了欧盟植物源和动物源食品及饲料中的农药最大残留限量（MRLs），包括邻苯基苯酚（2-phenylphenol）、矮壮素（chlormequat）、环氟菌胺（cyflufenamid）、氟氯氰菊酯（cyfluthrin）等 20 种农药在某些产品中的最大残留限量。[①]

---

① 这 20 种农药包括：邻苯基苯酚（2-phenylphenol）、矮壮素（chlormequat）、环氟菌胺（cyflufenamid）、氟氯氰菊酯（cyfluthrin）、麦草畏（dicamba）、氟吡菌胺（fluopicolide）、粉唑醇（flutriafol）、福赛得（fosetyl）、茚虫威（indoxacarb）、稻瘟灵（isoprothiolane）、双炔酰菌胺（mandipram id）、四聚乙醛（metaldehyde）、叶菌唑（metconazole）、亚胺磷硫（phosmet）、毒莠定（picloram）、拿草特（propyzamide）、吡丙醚（pyriproxyfen）、苯嘧磺草胺（saflufenacil）、多杀菌素（spinosad）、肟菌酯（trifloxystrobin）。

4. 操作规程和检验检疫标准

欧盟修订进口初乳及初乳产品的检验检疫要求。2014 年 3 月 6 日欧盟发布（EU）No209/2014 号委员会实施条例，修订（EU）No605/2010 号法规，在法规中增加了欧盟进口初乳及初乳产品的检验检疫相关规定。

（四）日本修订食品安全相关标准

1. 包装标示标准

日本拟定转基因食品质量标签标准修正提案。2014 年 8 月 18 日，日本拟定转基因食品质量标签标准修正提案。依照转基因食品质量标签标准，含有十八碳四烯酸的大豆和含有其作为一种主要配料的加工食品将添加到属于标签的项目列表中。由于在 2014 年 7 月日本相关的主管部门已经证明一种新的转基因食品（即十八碳四烯酸大豆）符合某些食品安全标准，因此，为了确保消费者知情地选择转基因食品，转基因食品质量标签标准必须修订。

2. 添加剂标准

日本拟修订食品添加剂标准和规范。2014 年 12 月 3 日，日本厚生劳动省（MHLW）拟修订《食品卫生法》中关于食品级食品添加剂的标准和规范（修订农化物残留标准）（G/SPS/N/JPN/354）。本法案修订内容涉及杀虫剂烯酰吗啉（Dimethomorph）的残留标准。标准限量规定：烯酰吗啉在甘蓝中的最大残留限量由 6ppm 改成 2ppm；在葡萄中的最大残留限量由 10ppm 改成 5ppm；在花椰菜中的最大残留限量由 6ppm 改成 2.0ppm；在西兰花中的最大残留限量由 6ppm 改成 1ppm；在大蒜中的最大残留限量由 2ppm 改成 2.0ppm。

日本修订食品卫生法施行规则等条款。[①] 2014 年 12 月 4 日，日

---

① 载中国 WTO/TBT－SPS 通报咨询网，http：//www.cqn.com.cn/news/zjpd/myjs/825406.html。

本厚生劳动省发布食安发 1204 第 3 号通知，对食品卫生法施行规则（省令）和食品、添加剂等规格标准（告示）进行补充修订。省令有关：根据食品卫生法第 10 条规定，省令附表 1 中增加醋酸钙。告示有关：（1）设定了附表 1 中醋酸钙的成分规格和使用标准。（2）设定异丙醇（Isopropanol）的成分规格和使用标准。

3. 农药、兽药残留标准

日本修改制定泰乐菌素 10 种农兽药残留限量标准。2014 年 3 月 10 日，日本厚生劳动省医药。食品局食品安全部发食安发 0310 第 1 号：修改或制定了各类食品中二甲苯胺噻嗪、甲草胺、腈吡螨酯、溴氟唑菌、泰乐菌素、联苯肼酯、唑菌胺酯、啶虫丙醚、氟虫酰胺、甲氧虫酰肼 10 种农兽药残留基准。该标准分两步实施。其中限量标准维持不变或放宽的自 2014 年 3 月 10 日起实施；限量标准加严的自 2014 年 9 月 10 日起实施。其中涉及限量要求加严的农药品种主要有泰乐菌素、联苯肼酯、唑菌胺酯 3 种。

4. 操作规程和检验检疫标准

日本修订 DNA 重组技术应用食品的管理办法。[1] 2014 年 5 月 27 日，日本厚生劳动省发布食安输发 0527 第 2 号公告，对未审查安全性的 DNA 重组技术应用食品的管理办法进行修订。该办法于 2012 年 11 月 16 日颁布，2014 年 3 月 31 日的食安输发 0331 第 2 号最后修正。

日本政府 4 月起缩减食品辐射检测对象。2014 年 4 月 20 日，日本政府宣布，将调整福岛核事故后东北和关东等 17 个都县接受放射性铯检测的食品清单。根据迄今为止的检测结果，原则上将免除对部分水果和鱼类的检测。从 4 月起，必须检测的食品从 98 种减少至

---

[1] 载国家质检总局网站，http://jckspaqj. aqsiq. gov. cn/wxts/gwflfg/201406/t20140626_416035. htm。

65 种，减少约 3 成。需要继续接受检测的包括去年 4 月至今年 2 月期间曾超过国家标准值 1/2 的食品。此次删除的除了清单中的橘子、柿子、蓝莓等水果类以及鮟鱇、海胆等鱼类外，还有肉类中的猪肉和马肉。牛肉和牛奶的检测结果因饲料等饲养情况而异，因此将继续接受检测。根据需要，地方政府方面也可对不在清单上的食品自行开展检测。

（五）我国台湾地区修订食品安全相关标准

1. 包装标示标准

我国台湾地区制定食品过敏原标示规定。2014 年 3 月 7 日，我国台湾地区"卫生福利部"发布部授食字第 1031300217 号公告，制定"食品过敏原标示规定"，自 2015 年 7 月 1 日生效。要求市售有容器或包装的食品，含有下列对特殊过敏体质者致生过敏的内容物，应于其容器或外包装上，显著标示含有致过敏性内容物名称的醒语信息，应载明"本产品含有××""本产品含有××，不适合其过敏体质者食用"或等同意义字样。规定的食品过敏源包括：虾及其制品；蟹及其制品；芒果及其制品；花生及其制品；牛奶及其制品［不包括由牛奶取得的乳糖醇（lactitol）］；蛋及其制品。

我国台湾地区修改酒标警语。2014 年 3 月 11 日，我国台湾地区"财政部"即将更改酒类标示方式，包括警语字体大小、警语内容应更详细明确、增列警语，且标示属陈年酒品者，限制装瓶前贮存于容器中熟成时间应至少 3 年以上，并加注熟成年数供消费者参考。本次修正包含：

（1）警语字体增大。为避免儿童少年误买酒品，在参考日本、美国等国家的立法体例、地方政府建议及"烟品尼古丁焦油含量检测及容器标示办法"第 11 条的规定，增订酒类的警语应以长宽为 2.65mm 以上的字体为之，以达明显警示效果。

（2）警语用词修正。将现行"未成年请勿饮酒"警语用词、修正为"未满 18 岁禁止饮酒"。

（3）增列警语。为警示消费者勿于短时间内大量灌酒，以免发生急性酒精中毒，危害自身健康，于是增列"短时间内大量灌酒会使人立即丧命"的警语。

（4）陈年酒熟成应 3 年以上。为维护消费者权益，酒类标示陈年者，装瓶前贮存于容器中熟成时间应至少 3 年以上，并加注熟成年数。

（5）陈年混酒以最短龄熟成标示。若是由数种陈年酒类调制而成者，应以最短的酒龄标示熟成年数，并须具有翔实记录及相关证明文件，备供查核。

我国台湾地区发布"包装食品营养标示应遵行事项"。2014 年 4 月 15 日，我国台湾地区"卫福部"发布部授食字第 1031300670 号，公告"包装食品营养标示应遵行事项"。随着近年来消费者营养观念与日俱增，为提供更明确的营养标示信息，"卫生福利部"再次增加包装食品营养标示要求，新要求全文计 14 点，自 2015 年 7 月 1 日生效。其要点如下：法源依据；用词定义；包装食品营养标示须于包装容器外表明显处依规定格式提供标示的内容；包装食品热量及营养素含量标示规定；包装食品每一分量重量（或容量）标示规定；包装食品营养标示单位；包装食品每日热量及各项营养素摄取参考值；包装食品营养素得标示为"0"的条件；包装食品营养标示数据修整方式；包装食品各项营养标示值产生方式，及其标示值误差允许范围的规定；包装食品营养标示热量计算方式；列举部分适用本规定的食品；列举不适用本规定的食品；附则规定。

2. 添加剂标准

我国台湾地区修订食品添加物中香料成分标示规定。2014 年 5 月 20 日，我国台湾地区"卫生福利部"发布部授食字第 1031300957 号公告，修订"食品添加物中所含香料成分标示之应遵行事项"，自发布之日起生效。食品添加物中所含香料成分需以"香料"标示，如该成分属天然香料者，则以"天然香料"标示；但所含除香料成分外的其他原料，仍应标示其名称。

3. 农药、兽药残留标准

我国台湾地区修订"农药残留容许量标准"。2014年3月26日，我国台湾地区"卫生福利部"发布部授食字第1031300828号公告，拟对"农药残留容许量标准"第1条及第3条之附表一进行修订，其修订要点如下：配合2014年2月5日公布修正"食品卫生管理法"，"修正法"源依据名称（修正条文第1条）；增修订阿巴汀等40种农药在83种作物类别的残留农药安全容许量；修订农药芬普宁在梨果类之作物类别名称，叙明其残留农药安全容许量之排除作物（修正条文第3条之附表一）。

我国台湾地区公布"婴儿食品类卫生及残留农药安全容许量标准"。2014年4月16日，台湾地区"卫生福利部"发布部授食字第1031300812号，公布"婴儿食品类卫生及残留农药安全容许量标准"。修正要点如下：修正本标准名称为"婴儿食品类卫生及残留农药安全容许量标准"；修正本标准所称有关婴儿食品的适用范围；增订婴儿食品的一般性状规定；增修订婴儿食品的微生物限量规定；增修订婴儿食品的真菌毒素限量规定；增订婴儿食品的重金属限量规定；依据"食品安全法"第15条，修正婴儿食品残留农药的规定；叙明本标准各条规定于食安法罚则的适用；本标准原订有放射性物质、动物用药及食品添加物等规定，因另有现行标准可适用，现予以删除。

我国台湾地区修订动物用药残留标准。2014年9月29日，台湾地区"卫生福利部"发布部授食字第1031302621号公告，预告修订"动物用药残留标准"第3条。其修正要点如下：（1）增订丁香酚（Eugenol）在鱼肌肉的残留容许量。（2）增订Flavophospholipol在牛、猪、鸡的肌肉、肝、肾、脂及牛乳与鸡蛋等十四项残留容许量。

（3）增修订左美素（Levamisole）与 Tetramisole 在家畜类乳等二项残留容许量。（4）增订三卡因甲磺酸（Tricaine methanesulfonate）在鱼肌肉的残留容许量。（5）增修订泰霉素（Tylosin）在家畜类乳的残留容许量。

我国台湾地区修订灭螨醌等 17 种农药的残留限量标准。2014 年 5 月 15 日，我国台湾地区"卫生福利部"发布部授食字第 1031301256 号公告，预告修订"农药残留容许量标准"第 3 条附表一、第 6 条附表四，60 天内接收公众意见或建议。其修正要点如下：（1）增修订灭螨醌（Acequinocyl，亚醌螨）等 17 种农药在 89 种作物类别的农药残留容许量。（2）增修订枸杞叶等 9 种农作物类农产品的分类。

4. 操作规程和检验检疫标准

我国台湾地区制定台湾米标章管理作业规范。2014 年 4 月 8 日，我国台湾地区"行政院农业委员会农粮署"发布农粮产字第 1031092341A 号令，订定"台湾米标章管理作业规范"，为推广台湾地区生产的稻米（以下简称"台湾米"）并协助消费者辨识米饭、米食料理的原料米来源与质量，推行台湾米标章。并自即日生效。

我国台湾地区修订"健康食品查验委托办法"。2014 年 4 月 10 日，我国台湾地区"卫生福利部"发布部授食字第 1031300740 号令，修订"健康食品查验委托办法"，本办法自发布日施行。

我国台湾地区发布实施食品添加物查验登记相关规定和实施输入锭状胶囊状食品查验登记相关规定。2014 年 3 月 27 日，我国台湾地区"卫生福利部"发布部授食字第 1031300519 号令和部授食字第 1031300535 号令，修正"食品添加物、输入锭状胶囊状食品查验登记相关规定"。

六、2014年主要国家和地区食品安全风险治理趋势

合理、科学的风险评估是制定食品安全政策、维护消费者健康和食品安全监管的基础。世界各国对此科学咨询意见的需求大幅增加，而此科学咨询意见的复杂程度也显著增加，积极采取措施确保科学意见的有效提供是各国食品安全治理的科学基础。风险治理框架由风险评估、风险管理和风险信息交流所组成。2014年全球食品安全风险治理继续遵循独立、科学、民主、透明的原则。

（一）美国跨部门的风险评估体系

旨在保护公众健康的立于科学基础之上的风险分析和预防，历来是美国食品安全政策和决策过程的重要内容。风险评估由美国联邦政府所有食品安全风险管理机构组成"跨部门风险评估联合体"负责。政府风险管理机构还颁布和实施多项风险管理规定，特别是"危机分析与关键控制点（HACCP）"制度。HACCP制度是一种风险管理工具，使得企业可以及时发现可能发生的潜在危险，并且采取全面有效的措施来预防和控制这些危险。风险信息交流在风险评估和风险管理阶段中具有十分重要的地位，是美国政府实施透明管理过程不可缺少的重要内容之一。政府机构在制定相关规定之时必须考虑公众的意见；政府制定相关规定所依据的信息必须向公众公开；政府科学家必须利用公共媒体向公众解释相关规定所依据的科学知识；当需要进行紧急风险交流之时，政府必须迅速通过全国电信系统向所有公民发出风险警报，并且通过全球信息分享系统向国际组织、地区和其他国家通报相关情况。

FoodRisk.org是由美国食品与药品管理局食品安全与应用营养中心（CFSAN）、农业部食品安全检验局（FSIS）、食品安全与应用营养联合研究所（JIFSAN）联合管理的在线食品安全风险分析服务资

料库系统。其指导委员会主要由来自 JIFSAN 和 FDA 关于危险度评定、风险分析、经济市场运作等方面的 5 位专家共同构成，他们共同对 FoodRisk. org 的发展和运作进行监督，并给出指导意见，筹备指导委员会下设风险分析项目管理、网络技术程序分析、数据库程序、网站建设、信息管理等部门。

（二）欧洲食品安全局

欧盟是世界最大食品出口联盟、第二大食品和饮料进口组织和主要的全球农产品贸易体。欧盟食品法的目标是保证食品安全和食品标签的适当性——既要考虑到多元化因素（包括传统产品在内），同时还要保证欧盟内部市场的有效运作。欧盟对食品安全的监管实行集中管理模式，并且实行风险评估与风险决策、管理相分离的原则。目前，欧盟食品安全风险评估与风险交流由欧洲食品安全局（EFSA）负责。食品安全决策部门包括欧洲理事会以及欧盟委员会，它们负责有关法规及政策的制定并对食品安全问题进行决策；风险管理主要由欧盟健康与消费者保护总署（DGSANCO）下属的食品与兽医办公室（FVO）负责。

EFSA 有两大主要任务：一是开展风险评估，向欧盟委员会、欧洲议会及成员国提供透明、独立、整合的科学意见。二是发布风险信息，进行风险沟通。EFSA 负责向包括公众在内的所有利益相关者提供适当、正确、及时和有效的食品及饲料风险信息，促进欧盟委员会和各成员国风险交流过程中的协调合作。

EFSA 2014 年度管理计划将重点关注科学建议的有效性、科学建议沟通效率、透明度三方面内容。预计 2014 年 EFSA 有 705 项科学成果产生，食品和饲料安全方面将有大量科学建议需求。①

预计进行的评估内容包括：食品污染物评估将对霉菌毒素、金

---

① "欧盟食品安全局公布 2014 年度初步管理计划"，载 http：//news. foodmate. net/2013/04/230369. html。

属以及加工过程污染物进行风险评估，其中加工过程污染物将对食品中丙烯酰胺风险进行评估；霉菌毒素将对食品和饲料中的镰刀霉菌毒素进行评估；金属将对食品和饲料中镍含量进行评估。关于动物健康方面，**EFSA** 将对利什曼病、非洲马瘟、马器质性脑病、西尼罗河热等动物疾病以及电击家兔等动物福利问题进行处理。关于植物健康方面，将完成对厚壳明线瓶螺（Pomacea insularum）的风险评估、土壤及栽培基质的风险评估。监管产品方面，将重点对食品添加剂、调味品、塑料食品接触材料、食品酶素、活性智能包装材料进行评估，还将包括饲料添加剂安全性评估、食品和饲料中转基因生物的应用及其栽培申请、后续健康声明申请、新型食品的评估、日常饮食产品（婴幼儿食品、极低热饮食与运动食品以及新型活性物质）的一般性建议（关于农药残留风险评估）。特殊类别风险评估将包括非动物源性食品致病菌（沙门氏菌、耶尔森氏鼠疫杆菌、志贺氏杆菌、诺如病毒）所引发的风险建议、新鲜肉类运输过程中的食品安全风险以及食用蛋变质和致病菌滋生造成的公共健康风险。**EFSA** 的所有科学评估将继续由科学评估和支持小组（Scientific Assessment and Support，SAS）及膳食和化学监测小组（Dietary and Chemical Monitoring，DCM）进行统计分析、暴露评估和评估方法等方面的支持。

风险沟通方面，**EFSA** 将继续加强与消费者、非政府组织、农民、零售商、行业利益相关者（包括参与当局工作的部门组织）等代表群组的交流。2014 年 **EFSA** 将优先提高 **EFSA** 风险评估中透明度及利益相关团体对当局活动的参与度。**EFSA** 交流活动将包括以下三项战略重点：更清晰、更简单、更容易沟通；更好地理解公众需求与理念；增加利益相关者参与。

风险评估的透明度，**EFSA** 满足公众所倡议的透明度，逐步将其从工业生产获悉的为产品注册的一部分临床试验原始数据公布给大众，旨在通过数据使得广大科学社团和其他感兴趣的群体能够参与风险评估，官方提供这些数据，满足任何公众和科学家都能够检查和充分利用数据来做风险评估，如欧洲食品安全局开放转基因数据。2013 年 1 月 EFSA 公布了孟山都公司为获转基因玉米 NK603 的批准证书而提交的文件和资料，满足公众所倡议的透明度，旨在通过数据使得广大科学社团和其他感兴趣的群体能够参与风险评估。2014 年 7 月欧洲食品安全机构（EFSA）发动了一系列倡议，旨在精简食品接触材料（FCMS）和其职权范围内的其他物质的风险评估流程（FCMS），欧洲食品安全机构称其目的是使有时间表的评估过程有更多的互动和反应，时间进程"更容易预判"。该机构倡议内容包括：举行更多的技术性听证会，让申请者就其申请提出更多问题；在采纳相关的科学意见后立即通知申请人；在一个专门网站上提供科学小组全会日程的概要。

（三）日本食品安全委员会

日本食品安全委员会于 2003 年正式成立，隶属日本内阁，它是一个独立的食品安全风险评估机构，该委员会由 7 名（其中 3 名为兼职）知识渊博的食品安全专家委员组成，委员从知识渊博的食品安全专家中遴选，并经国会两院通过，内阁总理大臣任命。为了保障委员的独立性，依据《日本食品安全基本法》，委员完全同党派和政治事业分离，在任职期限内不得从事政治运动，不得在政党和其他政治团体任职；委员与商业和贸易活动分离，未经内阁总理大臣允许，各专职委员在任职期间不得从事其他获取报酬的事务，不得从事营利性企业经营以及其他以获取经济上的利益为目的的业务活动；委员在职和退职后均负有不得泄露职务上得知的秘密的义务。委员会的议事规则是：委员会的会议要求必须有委员长和 3 名以上的委员出席方可召开，决议须经出席会议的过半数同意，赞成票和反对票票数相同时由委员长决定。日本食品安全委员会是专司风险评估的组织，独立于进行风险管理的组织，如农业、林业和渔业部、卫生部、劳动和福利部、消费者事务部。日本食品安全委员会的主要目标可以概括为：一是进行风险评估。本着科学、独立、公正的态度进行风险评估，并根据风险评估的结果向相关部门提出建议，如向内阁总理大臣陈述意见。二是调查审议。食品安全委员会应调查审议食品安全政策的重要事项，在必要时，向相关行政机关的首长陈述意见。三是风险沟通。对于风险评估的内容等信息，实现风险涉众之间的沟通，通过各种形式与消费者、食品相关企业等进行广泛双向沟通交流。四是应对食源性事故和紧急情况。

日本实行风险评估与风险管理相分离的模式。风险评估必须而且只能在客观、独立和透明的状态下基于获得的科学信息和数据进行。风险管理不同于风险评估，风险管理除了基于科学的风险评估之外，还应合理考虑社会发展、产业状况、文化传统、道德、环境保护、现实可行性以及消费心理等方面的因素。风险评估不能单独提供风险管理决策所需的全部信息，只能提供科学方面的信息。

七、2014 年全球主要食品安全事件概览

（一）日本农药残留超标事件①

2014 年 1 月初，日本一家大型食品公司玛鲁哈日鲁公司位于日本群马县的阿克力食品工厂生产的炸土豆饼、玉米肉饼和比萨三种冷冻食品被检测出含有高浓度农药马拉硫磷，其中炸肉饼表面马拉硫磷残留量是日本农药残留标准的 260 万倍，已有 500 多人因食用问题食品而出现腹痛、呕吐等症状。日本消费者厅大臣要求阿克力食品厂负责人进行详细说明。该工厂召回已销售的 640 万袋问题冷冻食品。

---

① 文玉、李珍："农残超标百万倍食品震惊日本五百多人受到毒害"，载《环球时报》2014 年 1 月 4 日，环球网，http：//world. huanqiu. com/exclusive/2014-01/4732675. html。

（二）英国哈洛德假冒意大利橄榄油事件[①]

意大利农业部在全世界范围开展打假以保护"意大利制造"，打假办公室调查举报了多起海外商家出售假冒意大利产品案例，涉及火腿、橄榄油等产品，其中英国著名哈洛德百货公司出售假冒托斯卡纳特级初榨橄榄油事件在业界引起较大轰动。2014 年 2 月 26 日意农业部在英国著名哈洛德百货公司官网上发现出售罐装地在英国的假冒托斯卡纳特级初榨橄榄油，随后实地调查并购买了一瓶价值 12.95 英镑的假橄榄油，并向英国相关部门进行举报。接到举报后，哈洛德百货公司已从官网及实体店中将这批橄榄油下架停售。这批冒牌货的标签上写着托斯卡纳产品，但同时又注明实际罐装地在英国，此做法违反欧盟相关法律规定。托斯卡纳橄榄油保护协会主席法布里奇奥·菲利皮称，许多不法分子兜售假货，使得意大利正品销售深受影响，在打击假冒伪劣产品、传播正品信息、帮助消费者正确选择等问题上仍有许多工作要做。

（三）德国汉堡王过期食品事件[②]

2014 年 5 月初，德国媒体曝光快餐连锁集团"汉堡王"存在严重卫生问题，这导致加盟企业高层重组、涉及店面被关闭，同时该品牌营业额也迅速下跌。"汉堡王"快餐店违规操作：为过期食品重新打上标签以延长有效期，汉堡中的肉饼也不像广告中展示的现烧现卖，而是早已做熟后随时加热。此外，员工还得不到应有的待遇。"汉堡王"被德国食品安全监管部门要求，所有涉及的店面须立即关门整顿，经营这几家"汉堡王"的德国总裁为此辞职。

---

① "意大利农业部加大海外农产品打假力度"，载 http：//www. twwtn. com/Agriculture/53_238487. html。

② 黄霜红："德国汉堡王暴严重卫生问题过期食品重打标签再上架"，载《中国食品报》2014 年 5 月 16 日。

（四）荷兰五农场饲料查出含非法抗生素①

据《荷兰新闻网》2014 年 6 月 27 日报道，荷兰四家小牛养殖场和一家肉牛养殖场的饲料中被查出非法抗生素。荷食品安全监管部门发表声明称，上述五家农场所有牲畜的血液里均被检出致命的破坏肉质的抗生素，含药物的饲料是由其中一家农场转售至其他几家的。这几家农场售出的牛肉正在追查中，预计约有 4.5 万公斤肉品流向市场，其中很多已销往比利时、德国、西班牙和意大利等国。欧盟方面已发出通告，将对上述企业实施罚款，并收回其曾获得的相关补贴。荷兰食品监管部门表示，虽然上述农场对喂食抗生素不知情，但对所使用的家畜饲料负有质量检查的责任，因此亦将对其实施罚款。

（五）美国卡夫召回香肠事件

2014 年 11 月 19 日，美国农业部食品安全检查署（FSIS）宣布，加州公司召回香肠产品由于贴错标签和未申报的过敏原，产品包含脱脂奶粉，一个已知的过敏源并没有在标签上标示。由于产品中可能含有经典芝士热狗，著名的卡夫食品公司宣布召回约 9.6 万磅 Oscar Mayer 香肠。美国农业部食品安全与检验中心（FSIS）中心宣布，这些产品标签存在错误，并未反映芝士热狗中含有巴氏杀菌奶酪这一成分。巴氏杀菌奶酪由牛奶做成，属于已知过敏源，但卡夫公司并未将成分在产品标签上公布。

（六）美国赛百味面包事件②

美国知名快餐连锁店赛百味被曝在三明治制作过程中添加偶氮二甲酰胺，这种物质同样可以在皮鞋塑胶中被用于增加弹性。此事

---

① 载中国食品科技网，http：//www. tech-food. com/news/2014-6-28/n1116170. htm。

② "1 周之内多起事件曝光美国食品安全打折扣"，载 http：//news. xinhuanet. com/food/2014-02/12/c_126118335. htm。

在网上引发数万人签名抗议。美国公众科学中心（CSPI）敦促FDA参照《德莱尼修正案》，禁止使用对人或动物存在致癌风险的食品添加剂，至少应降低其使用量。赛百味2014年2月6日宣布，该公司在生产三明治面包时，"准备停止"将化学物质偶氮二甲酰胺作为面团改良剂使用。但因美国农业部以及食品和药物管理局都曾批准在食品中添加偶氮二甲酰胺，其他公司未必会跟进。美国食品和药物管理局规定，作为面团改进剂使用时，偶氮二甲酰胺不得超过面粉质量的0.004 5%，但还没有哪家公司披露其含量。欧盟和澳大利亚则禁止在食品中使用偶氮二甲酰胺。与欧洲等其他发达国家或地区乃至一些发展中国家相比，美国的食品安全标准较为宽松。偶氮二甲酰胺和瘦肉精，许多国家严格禁止，在美国却合法。原因是美国总感觉自身农业现代化程度高，监管环节法律健全、手段完善，完全可规范各种食品添加剂或药品的使用剂量与范围，而不必彻底禁止。

（七）我国台湾地区地沟油事件

2014年9月初，知名猪油品牌强冠企业股份有限公司被我国台湾地区的检警调系统查获因贪图数百万元差价，向屏东县郭烈成等地下工厂购入地沟油、废食用油、回锅油以及向香港金宝运贸易公司购入"饲料油"后制成香猪油，知名企业味全、旺旺、统一超商、全家、味王、奇美食品、盛香珍、美食达人（85度C）、黑桥牌等皆使用到该油品，甚至小吃摊、糕饼业、中西式餐饮都受到牵连，数百吨的问题食油已经流入市面，吃到毒油的民众难以估计。9月8日，"卫生福利部"食品药物管理署公布"劣质猪油"检查结果。9月11日我国台湾地区"卫生福利部"称，4家厂商、14个品项劣质猪油产品已经出口到中国香港、新加坡、中国大陆、美国、阿根廷、智利、南非、巴西、新西兰、澳洲、越南等12个国家与地区。相关国家的监管部门均对此事作出了回应并进行了预防性措施。

（八）意大利食品造假事件

2014 年 10 月，意大利宪兵上将 Cosimo Piccinno（柯西莫·皮秦诺）向外界公布了一份近年来意大利食品、药品行业安全调查报告，报告内容引起社会广泛关注。一是食品行业卫生检查结果令人担忧。2012 年来，意大利卫生部门共进行了 9 万余次卫生检查，累计约 3.1 万家食品企业卫生不达标，食品行业不合格率呈逐年上升态势，其中，2014 年初至 5 月 15 日，2 818 家被检查的餐馆中有 1 379 家卫生不合格。二是食品行业造假现象严重。包括有害饲料养殖的火腿、使用亚硝酸处理的肉、使用增白剂的鱼肉。此外，那不勒斯食品安全局查获了上万瓶总价 200 多万欧元的假冒香槟酒，该批仿品从包装、盖印等细节上几乎与正品无差别，警方怀疑或有国际犯罪集团参与，假酒或已流入西班牙、葡萄牙、法国和英国等消费市场。

（九）欧洲 H5N8 禽流感疫情[①]

2014 年 11 月 24 日，欧洲检测到的一种新型禽流感菌株，德国、荷兰和英国亦确认多家禽类养殖场出现新的 H5N8 禽流感毒株，而德国主管部门也在一只野鸟体内发现该病毒。这给该区域，特别是黑海沿岸和东大西洋野生鸟类迁徙路线上资金匮乏国家的养禽业构成极大威胁，粮农组织和世界动物卫生组织敦促高危国家加强生物安保做好防范工作。

（十）澳洲 Bonsoy 豆奶碘含量超标事件[②]

据英国《每日邮报》报道，2014 年 11 月澳大利亚近 496 名消费者投诉 Bonsoy 牌豆奶碘含量过高，消费者与该品牌生产商及经销商达成了一个 2 500 万澳元（约 1.3 亿元人民币）的赔偿协议。据悉，

---

① http://www.fao.org/news/story/zh/item/268909/icode/。
② "澳洲 Bonsoy 豆奶碘含量超标 50 倍，受害者索赔 1.3 亿"，载食品安全资讯网，http://www.spaqzx.com.cn/news/show-2056.html。

这是澳大利亚史上最高的一次食品安全事件赔偿。另外，Bonsoy 于 2003 年 8 月改变配方，把豆奶内的昆布（海带）改为昆布粉，碘含量因此大幅超标，每杯豆奶碘含量达成人每日建议摄取量的 50 倍。

八、2014 年全球食品安全国际焦点议题

（一）粮食安全议题

联合国表示，到 2050 年，全球人口将增长 34%。从现在到 2050 年期间地球上会新增 20 亿人口，我们要如何养活这些人口？联合国预计粮食产量必须提高 70% 以满足更多人口的需求。呼吁全球共同努力，向所有人提供充足的、安全的、健康的、多样化的食物。

2014 年 3 月 13 日在第三十二届亚洲及太平洋区域会议启动亚太区域零饥饿挑战计划。零饥饿挑战内容：2 岁以下发育迟缓儿童人数为零；全年获得足够粮食的人口达到百分之百；所有粮食系统都是可持续的；小农生产率和收入增加百分之百；粮食损失或浪费为零。作为一个整体，亚洲饥饿人口比例已经从 1990 ~ 1992 年的 24.1% 下降到 2011 ~ 2013 年的 13.5%。但还需要做更多的努力，因为即使亚太区域实现了 12% 的目标，其饥饿人口仍远远超过 5 亿，高于所有其他区域的总和。粮农组织促请所有国家"接受零饥饿挑战，动员全体人民广泛参与"，争取到 2025 年在该区域彻底消除饥饿。

2014 年 5 月 7 日，第二届节约粮食国际大会，全球有 8.42 亿人长期遭受饥饿，但每年损失或浪费的粮食约为 13 亿吨。据粮农组织估计，生产但未被食用的粮食将足够养活 2 亿人。解决全球大量粮食浪费和损失问题是减少饥饿和贫困的重要因素，需要各国政府和企业加大在这方面的合作力度。

家庭农业与国家和全球粮食安全息息相关，无论是在发展中国家还是在发达国家，家庭农业是粮食生产领域的主要农业形式。2014 年是联合国粮农组织倡导的国际家庭农业年。为此，粮农组织

与各国政府、国际发展机构、农民组织和联合国系统的其他有关组织以及相关的非政府组织合作，本着以下目标来推动国际家庭农业年的实施：支持制定有利于可持续家庭农业的农业、环境和社会政策；增加知识、宣传和公众意识；加深对家庭农业需要、潜力和制约因素的认识，并确保技术支持；形成合力，促进可持续发展。2014 年 10 月 16 日，联合国粮农组织发布年度报告《2014 年粮食及农业状况》，主题为"家庭农业中的创新"。敦促加强世界 5 亿家庭农民的能力推动变革。报告指出，世界大约 80% 的粮食产自家庭农场，家庭农业是我们过上更健康生活所必需的健康粮食体系的重要组成部分，是解决饥饿问题的关键。报告呼吁公共部门与农民、民间社会组织和私营部门合作，改进农业创新体系。农业创新体系包括所有的机构和参与方，支持农民在当今日益复杂的世界形势下，开发和采用更适宜的生产方法。必须在各个层面推动创新能力的提高，鼓励农民、研究人员、咨询服务提供者和综合价值链之间开展互动，建立网络和伙伴关系来共享信息。

（二）改善全球营养问题[①]

营养是一个公共问题，影响着粮食安全、食品安全和健康。营养不良是世界上最主要的致病因素。目前世界上仍有超过 8 亿人食不果腹。2013 年受发育迟缓和消瘦问题困扰的五岁以下儿童仍分别有大约 1.61 亿和 5 100 万。5 岁以下儿童死亡人数中有近一半与营养不良相关，每年估计为 280 万。由于缺少足够的维生素和矿物质，约 20 亿人遭受微量元素缺乏症或"隐性饥饿"的困扰。同时，肥胖造成的负担正在迅速增加，现在大约有 5 亿人肥胖，而超重人数则为其 3 倍之多。已有大约 4 200 万五岁以下儿童超重。各种形式的营养不良问题，包括食物不足、微量元素缺乏、超重和肥胖，不仅影

---

① 世卫组织/粮农组织："各国承诺采取有力的政策和行动战胜营养不良"，载 http：//www.who.int/mediacentre/news/releases/2014/icn2-nutrition/zh/。

响人们的健康和福祉，而且还会给个人、家庭、社会和国家带来负面社会经济后果，造成沉重负担。

全球消除从饥饿到肥胖各种形式的营养不良问题呈现新势头。2014 年 11 月 19～21 日，联合国粮食及农业组织（粮农组织）与世界卫生组织（世卫组织）联合举办第二届国际营养大会，其主题是："改善营养，改善生活"。会议通过了《营养问题罗马宣言》和《行动框架》，旨在确保世界上所有人都能获得更健康和更可持续的膳食。《营养问题罗马宣言》倡导人人享有获得安全、充足和营养食物的权力，并促使各国政府作出承诺，防止饥饿、微量营养素缺乏和肥胖等各种形式的营养不良。《行动框架》阐明了"消除饥饿，实现粮食安全和改善营养，推动可持续农业发展"所需的战略、政策和计划。《行动框架》承认在与包括民间社会、私营部门和受影响社区在内的广大利益相关者开展对话以应对营养问题和挑战方面，各国政府均肩负首要责任。推动改善全球营养需要各方的共同努力，包括民间社会组织和私营部门的参与，但政府必须发挥带头作用。具体目标包括：一是确保健康饮食的可持续粮食系统。呼吁各国政府促进营养强化型农业，将营养目标纳入农业计划的制订和实施过程，确保粮食安全，实现健康饮食。二是改善孕产妇和婴幼儿营养状况。敦促各国政府对其国民开展教育，让他们了解健康的饮食习惯，同时采取社会保护措施，如学校供膳计划、为最贫困的人口提供营养膳食。推广和支持纯母乳喂养 6 个月，并继续母乳喂养至 2 岁或以上。对婴幼儿配方奶粉的销售实施管理；避免向消费者，尤其是儿童推销和宣传不健康的食物和饮料。三是减少非传染性疾病，如糖尿病、心脏疾病和某些癌症等与营养相关的风险因素。鼓励减少食品和饮料中反式脂肪、饱和脂肪、糖和盐的含量。粮食和营养安全将替代 2015 年结束的千年发展目标，成为联合国 2015 年后发展议程的重要内容。

（三）转基因食品议题

在安全性研究还证据不足的情形下，长期食用转基因食品给人类可能带来的影响仍是未知数，世界各界对转基因食品是否安全尚未达成共识。对转基因食品的风险管理措施主要包括风险评估、标签标示、追溯体系。当前国际社会高度关注转基因食品的透明度问题。

1. 风险评估

转基因食品风险评估包括上市前和上市后的风险评估。

风险评估的透明性。《国际生物多样性公约》的《卡塔赫纳生物安全议定书》第 23 条规定，对转基因生物要进行严格的风险评估、风险管理和增加决策的透明度和公众参与度，应在决策过程中征求公众意见，向公众公开决策依据和结果。强调信息公开，社会各方参与风险评估，如欧洲食品安全局开放转基因数据。2013 年 1 月 EFSA 公布了孟山都公司为获转基因玉米 NK603 的批准证书而提交的文件和资料，满足公众所倡议的透明度，旨在通过数据使得广大科学社团和其他感兴趣的群体能够参与风险评估。

区分风险评估与风险管理。风险管理不同于风险评估，风险管理除了基于科学的风险评估之外，还应合理考虑社会发展、产业状况、文化传统、道德、环境保护、现实可行性以及消费心理等方面的因素。2014 年 5 月 12 日，EFSA 转基因作物专家组（GMO panel），依据《欧盟关于转基因食品和饲料的法规》（1829/2003/EC）对孟山都新品种转基因大豆 MON87769 作出完整的科学评估报告，裁决孟山都公司生产的转基因大豆是安全的。但这并不就意味着孟山都的新品种大豆会得到农民及消费者的认可。EFSA 在其网站上解释道，EFSA 的工作是"独立地评估转基因作物对人和动物健康可能产生的任何风险。EFSA 并不能批准转基因作物的种植。这项工作是由欧盟委员会和各成员国作为风险管理者来完成的。EFSA 的职责仅限于提供科学的建议"。

2. 转基因标示

由于当前科学技术发展所限，当前没有足够科学证据证明转基因食物与传统食物相比是安全的或者是不安全的，转基因食物对人类健康有无影响仍是个未知数。因此，对于科学尚不明确、可能存在风险的转基因食品，应该通过一种开放的方式让消费者自主理性选择。是否选择转基因食物是个人决定，因此，应完善转基因食品的标示制度，在食品标签中标示转基因成分、公开转基因信息，保障消费者的知情权，让消费者在知情的基础上个人决定是否选择转基因食物。同时，假若出现转基因食品风险问题，也可通过标签追查原因、追溯生产经营的源头，充分保护消费者安全与公众健康。因此，建立健全转基因食品标签制度有利于保障消费者的知情权。当前，世界上主要有采取强制性标签和自愿标签两种方式，没有统一的国际标准。

实行强制性标签的代表国家和地区是欧盟。欧盟转基因标识政策采取强制性的标识，要求任何含有转基因成分或其衍生物总量超出 0.9% 的产品都必须标识。不高于 0.9% 的偶然的转基因成分存在并不要求标识（非故意污染物）。转基因动物饲料也必须被标识，但是转基因饲料喂养的动物产品，如牛奶、肉类和鸡蛋，并不要求被标识。

实行自愿性标签的代表国家是美国。美国不强制对转基因食品进行标识，食品标签只在涉及安全和使用方法时才做标识。农民可以对有机食品申请标注，消费者如果不愿意食用转基因食品，可以选择经过认证的有机食品。2014 年 5 月 8 日佛蒙特州州长签发了转基因食品标签法，成为美国第一个实施强制转基因食品标签法的州。该法律将从 2016 年 7 月正式实施，根据规定，销售含有转基因成分的食品必须在标签上明确标注。缅因州、康涅狄格州也通过了有关转基因食品标签的法律，但尚未生效。

标识转基因食品是一个有待解决的复杂问题，未来更多的国家将会采取标识政策，这是一种发展趋势。在此趋势下，需要明确三个问题：一是不同的国家根据自己的需求制定符合自己国情的标识政策。二是公正、客观地标明食品的真实成分，包括转基因成分，是保护消费者知情权、选择权之必要。三是在没有证实转基因食品不安全的科学证据的情形下，转基因 GM 标识并不暗示转基因产品不够安全。

3. 追溯标签

为了加强转基因食品上市后的监管，须对转基因食品的供应及流向进行管制，建立追溯系统，如欧盟（EC）No1830/2003 关于转基因生物体的可溯性和标签及由转基因生物体生产的食品和饲料产品的可溯性，对转基因生物体的可溯性和标签及由转基因生物体生产的食品和饲料产品的可溯性进行了相关规定，规范转基因食品和饲料产品可溯性。

目前国际社会对转基因食品的争论是对风险的认识问题，而不是风险本身的问题。这一争论的范围应该被放在一个更广的范畴里进行讨论——不只是健康领域，应该重视消费者的担忧和转基因食物的透明度问题。

（四）消减食品生产中使用抗生素

食品安全还需要引起其他公共卫生方面的关注，抗生素耐药问题便是其中之一。如今，耐药微生物进入食物链是对健康的重大威胁。根据世界卫生组织的数据，动物用抗生素销量相当于人类用量的三倍。为了抑制抗生素耐药性问题，人类医疗过程中谨慎使用抗生素至关重要。农业生产中抗生素的使用同样重要，尤其是在动物饲养和水产养殖中。2014 年 4 月 30 日世界卫生组织首份全球抗生素耐药报告《抗微生物药物耐药性：2014 年全球监测报告》显示，抗微生物药物耐药性现象比比皆是，有可能影响到任何国家任何年龄的人。其中，畜牧业是耐药性的一个来源，饲养动物时使用低于治疗剂量的抗生素来促进生长或预防疾病，这可能会造成耐药微生物的出现，而这些微生物又会传给人类。

动物健康和人体健康都是相关相连的，如果在养殖业中使用过度的抗生素，人体也会受到影响，因而，禁止在畜牧业生产过程中过量使用抗生素，是食品安全关注的焦点之一。大量使用抗生素是一种廉价的解决食用动物疾病的方式，然而，这不仅仅会对动物健康产生影响，也会对人体长期健康产生影响。因为过分使用抗生素，导致人体、动物体对一些病菌产生耐药性，耐药性是全球非常严峻和必须认真对待的问题，减少畜牧业中抗生素的使用是解决这一问题的重要辅助手段。

消减抗生素的运动在全球各地展开。一是很多国家确立消减抗生素目标。荷兰以 2009 年使用量为基础，2011 年前抗生素使用减少 15%，2013 年前减少 50%，2015 年以后减少 70% 的使用量。无论农民、兽医、食品生产商，都要有效减少抗生素使用，以一种负责任的态度使用抗生素。同时，政府应发挥积极协调作用。在美国，所出售的抗生素 80% 用于禽畜。美国疾病控制和预防中心曾发布报告称，对抗生素具有抗药性的细菌每年导致 2.3 万名美国人死亡。2014 年 2 月，美国食品药物管理局公布一份行业指导性文件，计划从 2014 年起，用 3 年时间禁止在牲畜饲料中使用预防性抗生素，从而最大限度地避免食用畜禽产品的消费者出现对抗生素的抗药性问题。二是开展地区合作。欧盟采取了一系列限制抗生素使用的规定，发起多种消减抗生素使用的倡议。自 1999 年以来欧盟的养殖动物每年可以消费 4 700 吨抗生素，而消费者的消费数量可达 8 500 吨。欧盟从 2006 年 1 月 1 日起禁止将抗生素作为饲料生长促进剂使用。欧盟医药管理局（EMA）称，欧盟 25 个成员国中有 19 个国家在 2010 年和 2011 年的兽用抗生素销售额降低，下降幅度从 0.4% 到 28%。三是开展国际合作与交流。2014 年 5 月 24 日第 67 届世界卫生大会批准了关于抗生素耐药性的决议。关注抗生素耐药性问题，并敦促各国政府加强国家行动和国际合作。这需要分享关于耐药性严重程度以及对人类和动物使用抗生素的情况，并需要提高卫生保健服务提供者和公众对于抗生素耐药性的威胁、对负责任使用抗生素的需求以及采取良好的个人卫生措施和其他预防感染措施重要性的认识。世卫组织将按该决议的要求，制订关于对付包括抗生素耐药性在内的抗生素耐药性全球行动计划。

（五）保护消费者健康食物权

1. 国际消费者协会 CI 呼吁《健康饮食国际公约》，保护消费者健康食物选择权

由饮食引发的疾病，如肥胖、糖尿病、心脏病以及一些肿瘤，是重大的、全球性的公共健康危机。超重和肥胖人群不断增加，至今，没有一个国家在控制和减少肥胖和超重方面取得成功。不良饮食对健康的影响已经超过吸烟，肥胖对全球 GDP 的影响与战争、武力冲突、恐怖主义的影响一样严重。消费者的选择权对于解决这一问题具有重要意义。然而，不健康食品的可得性和可负担性、跨国公司的营销手段和消费者有用信息的缺乏徒增了消费者选择健康食品的难度。尽管不健康的饮食引发的肥胖和一些疾病日渐成为国际共识，然而，产业界和政府的回应过于缓慢。为此，CI 在 2014 年 5 月的世界卫生大会上启动《关于健康饮食的国际公约》并提供了一套推荐规范文本供参考。2014 年 11 月，CI 向 WHO 和 FAO 发出一封联合公开信呼吁签署全球公约，确保消费者容易获得健康食品，进而形成公平、可持续的食品供应体系。CI 呼吁世界卫生组织通过类似于《烟草控制框架公约》运行机制的《保护和促进健康饮食的国际公约》，以减少不健康饮食引发的疾病和死亡。国际消费者协会将 2015 年 3 月 15 日国际消费者权益日的主题确立为"消费者健康食物权"，帮助消费者选择有益健康的食物。"消费者权益日"将努力争取各国政府支持《健康饮食国际公约》并最终被 WHO 所接受。其呼

吁国际间共同采取措施：限制向儿童宣传销售垃圾食品，更好地向消费者提供健康食品，降低食物中糖、盐、脂肪的标准；呼吁在农业生产中减少抗生素的使用，健全国际食品安全标准；通过财政措施抑制不健康食品的消费；对贸易和投资政策进行健康影响评估。这体现了国际消费者保护将食品安全关注的重点转向了健康饮食，即不仅要求食品安全，而且要求各国政府积极推动有益人体健康的食品生产。消费者不仅仅有权获得食物，而是有权获得健康食物。

2. 世界卫生组织将 2015 年 4 月 7 日世界卫生日的主题确立为：食品安全[1]

全世界每年大约有 200 万人死于不安全食物，其中多数是儿童，食物中的有害细菌、病毒、寄生虫、化学物质引发腹泻到癌症的 200 多种疾病。新的食品安全威胁不断涌现：食品生产、分配、消费方式的改变；环境改变；新兴病原体；耐药性，所有这些都构成对食品安全的新挑战。国际贸易和出境旅游的不断增长使得食品安全问题在全世界范围扩散。

随着食品供应的全球化，势必需要加强国内以及国际间的食品安全体系。基于此，世界卫生组织将努力增进"从农田到餐桌"的任何一个环节的食品安全。WHO 将 2015 年世界卫生日的主题定为"食品安全"，旨在敦促各国政府和全社会共同行动，采取措施，提高"从农田到餐桌"的食品安全。世界卫生组织将依据世界法典委员会的食品安全标准、指导方针以及生产操作准则帮助所有的国家预防、检测、应对食源性疾病。世界卫生组织与联合国粮农组织通过国际食品安全当局网络向所有国家通报食品安全突发事件。世界卫生日警醒不同政府部门、种养殖者、生产者、销售者、卫生从业者、消费者重视食品安全，食物链的每个部分都有责任保障食品安全，保障每个人对其所食用的食品的安全性有信心。

---

① http://www.who.int/campaigns/world-health-day/2015/event/en/。

附录 2　2014 年中国食品
安全治理大事记

1. 习近平总书记在内蒙古、北京等地视察时强调食品安全工作

2014 年 1 月 28 日，习近平总书记在内蒙古自治区视察时强调"民以食为天，食以安为先"，食品企业要生产出高质量的放心食品，确保人民群众"舌尖上的安全"。2 月 25 日，习总书记在北京视察时具体询问"地沟油"的处理情况和食品安全保障措施。

2. 全国食品安全监管工作会议在北京召开

2014 年 2 月 18 日，全国食品安全监管工作会议在北京召开，国家食品药品监督管理总局滕佳材副局长出席会议并讲话。他强调，各级食品药品监督管理部门要认真贯彻落实党的十八届三中全会精神，以深化食品安全监管体制改革为切入点，进一步转变监管理念、创新监管方式、提升监管效能，突出监管重点、深化专项整治、强化日常监管，着力构建最严格的覆盖全过程的监管制度，全面提升食品安全总体水平，努力开创食品安全工作新局面。

3. 全国食品安全风险监测暨保健食品监管工作会议在天津召开

2014 年 2 月 25~26 日，全国食品安全风险监测暨保健食品监管工作会议在天津召开，国家食品药品监督管理总局党组成员边振甲同志出席会议并讲话。边振甲强调，各级食品药品监管部门要认真贯彻落实党的十八届三中全会、中央经济工作会议、中央农村工作会议精神，要按照国务院的部署和总局的总体安排，充分调动社会

各方力量，健全制度体系，提升能力水平，加快职能转变，强化工作实效，全面开创食品安全抽检监测、风险预警交流、统计分析和保健食品监管工作新局面。

4. 2014 年《政府工作报告》强调食品安全工作的重要性

2014 年 3 月 5 日，国务院总理李克强在回顾 2013 年工作时，明确指出"住房、食品药品安全、医疗、养老、教育、收入分配、征地拆迁、社会治安等方面群众不满意的问题依然较多"。在报告 2014 年重点工作时指出，人命关天，安全生产这根弦任何时候都要绷紧。严守法规和标准，用最严格的监管、最严厉的处罚、最严肃的问责，坚决治理餐桌上的污染，切实保障"舌尖上的安全"。要严格执行安全生产法律法规，全面落实安全生产责任制，坚决遏制重特大安全事故发生。大力整顿和规范市场秩序，继续开展专项整治，严厉打击制售假冒伪劣行为。建立从生产加工到流通消费的全过程监管机制、社会共治制度和可追溯体系，健全从中央到地方直至基层的食品药品安全监管体制。

5. 习近平总书记出访欧洲期间多次强调食品安全工作

2014 年 3 月 24 日至 4 月 2 日，习总书记出访欧洲期间多次强调食品安全工作，不仅出席了荷兰当地举办的一个农业、食品产业链以及中荷食品安全合作契机介绍会，还在法国《费加罗报》上发表署名文章，强调中法要在农业食品等新领域打造合作新亮点。中德《建立中德全方位战略伙伴关系的联合声明》明确提出进一步促进双方在食品安全等领域的合作。

6. 国家食品安全风险监测工作研讨会召开

2014 年 3 月 27 日，为贯彻落实国家卫生计生委组织召开的全国卫生计生系统食品安全工作会议的精神，按照《2014 年国家食品安全风险监测计划》工作要求，由国家食品安全风险评估中心主办，山东省疾病预防控制中心承办的 2014 年国家食品安全风险监测工作研讨会于日前在山东省济南市召开。来自 31 个省（区、市）及新疆生产建设兵团卫生计生委、疾病预防控制中心、上海市食品药品监督所主管风险监测的领导，化学污染物及有害因素、食品微生物、食源性疾病和质量控制的骨干人员共 230 余人参加了会议。会议总结了 2013 年国家食品安全风险监测取得的主要成绩及存在的问题，介绍了 2014 年国家食品安全风险监测计划组织实施的技术要求和实施要点，北京、浙江、山东、四川和甘肃的相关专家介绍了本省食品安全风险监测工作经验，并针对行政管理、质量控制、化学污染物及有害因素、食品微生物和食源性疾病等有关问题进行了分组讨论。

7. 国务院食品安全委员会专家委员会在京成立

2014 年 4 月 15 日，国务院食品安全委员会专家委员会在北京成立并召开第一次全体会议。会上，宣读了国务院食品安全委员会关于成立专家委员会的通知，举行了委员聘任仪式，审议通过了《国务院食品安全委员会专家委员会章程》。

国务院食品安全委员会专家委员会依据《国务院食品安全委员会工作规则》设立，作为国务院食安委的决策咨询机构，主要承担食品安全技术咨询、政策建议、科普宣传等工作，由国务院食品安全委员会办公室负责管理。第一届专家委员会由 51 名委员组成，委员经多方推荐和严格遴选产生，既有在食品安全风险监测评估、检验检测技术研究、公共政策、危机应对以及犯罪侦查等方面卓有建树的权威专家，也有多年从事食品安全监管工作，在风险管理、标准制定、应急处置等方面积累丰富经验的专业人士，具有广泛代表性、权威性和独立性。

8. 国务院常务会议讨论通过《中华人民共和国食品安全法（修订草案）》

2014 年 5 月 14 日，国务院总理李克强主持召开国务院常务会议，讨论通过《中华人民共和国食品安全法（修订草案）》。会议原则通过《中华人民共和国食品安全法（修订草案）》，指出保障食品安全关系每个消费者切身利益。修订食品安全法体现了党和政府对人民群众生命健康安全的高度重视。修订草案重点作了以下完善：一是对生产、销售、餐饮服务等各环节实施最严格的全过程管理，强化生产经营者主体责任，完善追溯制度。二是建立最严格的监管处罚制度。对违法行为加大处罚力度，构成犯罪的，依法严肃追究刑事责任。加重对地方政府负责人和监管人员的问责。三是健全风险监测、评估和食品安全标准等制度，增设责任约谈、风险分级管理等要求。四是建立有奖举报和责任保险制度，发挥消费者、行业协会、媒体等监督作用，形成社会共治格局。会议决定，修订草案经进一步修改后提请全国人大常委会审议。

9. 国务院办公厅关于印发 2014 年食品安全重点工作安排的通知

2014 年 5 月 27 日，为贯彻落实党的十八届三中全会、中央经济工作会议、2014 年《政府工作报告》精神及国务院关于食品安全工作的有关部署要求，国务院办公厅印发 2014 年食品安全重点工作安排的通知。根据工作安排，2014 年围绕重点产品、重点行业，着力在食用农产品质量安全源头治理、婴幼儿配方乳粉、畜禽屠宰和肉制品、食用油安全综合治理、农村食品安全、儿童食品学校及周边食品安全、超过保质期食品回收食品、"非法添加"和"非法宣传"问题、网络食品交易和进出口食品 9 个方面开展专项治理整顿，保障人民群众舌尖上的安全。

10. 2014 年全国食品安全宣传周启动

2014 年 6 月 10 日上午，由国务院食品安全办联合中央文明办、教育部等 17 部门举办的"2014 年全国食品安全宣传周活动"在京正式启动。本次活动周主题为"尚德守法，提升食品安全治理能力"，来自有关部委、行业企业、新闻媒体、科普组织等 400 多名各界代表进行了主题演讲和热烈讨论。与会代表认为，保障食品安全必须拿起"德育"和"法治"这两大武器，让尚德守法成为社会共同的价值取向，进一步提升食品安全治理能力。宣传周期间，各相关部委将以每天举办一个"部委主题日"的形式，先后开展法律法规宣讲、道德诚信教育、科学知识普及、科技成果展示等70多项食品安全主题宣传活动。各地区也精心部署宣传周活动安排，以形成全国范围内主题统一、上下呼应的宣传格局，保持活动期间连续不断、紧凑有序的宣传势头。

11. 十二届全国人大常委会第九次会议分组审议食品安全法修订草案

2014年6月26日，十二届全国人大常委会第九次会议分组审议了食品安全法修订草案，与会人员就加强食品安全监管、进一步提高企业违法成本等方面提出意见和建议。这次修订的总体思路是：更加突出预防为主、风险防范；建立最严格的全过程监管制度；建立最严格的各方法律责任制度。综合运用民事、行政、刑事等手段，对违法生产经营者实行最严厉的处罚，对失职渎职的地方政府和监管部门实行最严肃的问责，对违法作业的检验机构等实行最严格的追责；实行食品安全社会共治。7月2日，全国人大常委会办公厅通过中国人大网全文公布了《中华人民共和国食品安全法（修订草案）》，开始向社会广泛征求意见。

12. 国务院食品安全办、国家食品药品监管总局、国家工商总局关于开展农村食品市场"四打击四规范"专项整治行动

2014年9月1日，国务院食品安全办、国家食品药品监管总局、国家工商总局发布开展农村食品市场"四打击四规范"专项整治行动的通知，加大农村食品市场专项整治力度，着力规范农村食品市场秩序，全面推动农村食品市场整治工作取得新突破。国务院食品安全办、国家食品药品监管总局、国家工商总局决定自2014年9月1日

起，在全国范围内集中开展为期 3 个月的农村食品市场"四打击四规范"专项整治行动。通过此项行动，严厉打击农村食品市场各类违法违规行为，严厉查办一批食品违法案件，曝光一批典型案例，树立一批先进示范单位，发动和引导全社会积极参与农村食品安全综合治理，推动农村食品安全监管长效机制建设，切实解决和消除当前农村食品市场存在的突出问题和风险隐患，着力规范农村食品市场秩序，夯实农村地区食品安全监管基础，提升农村食品安全水平。

13. 国家食品药品监督管理总局召开《食品召回和停止经营监督管理办法》研讨会

2014 年 9 月 28 日，《食品召回和停止经营监督管理办法》专题研讨会在京组织召开。会议由国家食品药品监督管理总局法制司会同食监一司、食监二司、食监三司、稽查局、应急司等相关司局主办，来自北京、河北、浙江、上海、天津、山西和西安市食品药品监管局代表，以及中国食品工业协会、中国保健食品协会、中国调味品协会、中国焙烤食品糖制品工业协会、中国肉类协会、中国欧盟商会、中国外商投资企业协会与相关企业代表参加了讨论。会议旨在强化食品生产经营者主体责任，严格食品安全监管，保障公众食品安全，按照民主立法、科学立法的原则，广泛听取食品行业协会、食品生产经营者和地方监管部门意见和建议。与会代表对食品召回的分类、启动条件、召回时限、企业主体责任、监管部门监管职责、食品停止经营的程序、退市食品处置方式等进行了认真的研讨和深入的交流，达成广泛共识。与会代表一致认为，《食品召回和停止经营监督管理办法》非常重要，需要认真分析论证，充分调查研究，加快立法进程，从顶层制度设计上为食品安全监管奠定科学和法治基础。

14. 国务院食品安全委员会在福建召开全国治理"餐桌污染"现场会

2014 年 11 月 12~13 日全国治理"餐桌污染"现场会在福建厦

门召开，本次会议由国务院食品安全委员会主办，旨在贯彻落实党中央、国务院关于农产品质量和食品安全工作的一系列重要决策部署，推广福建"治理餐桌污染、建设食品放心工程"经验，交流农产品质量和食品安全监管创新举措，启动农产品质量安全县和食品安全城市创建试点活动。国务院食安委各成员单位和中央编办、教育部、国家林业局负责同志；各省（区、市）人民政府、新疆生产建设兵团食安委负责同志，各省（区、市）、新疆生产建设兵团食品药品监管部门和农业行政主管部门主要负责同志；福建食安委各成员单位主要负责同志，各地市分管食品安全工作副市长等，共260多人参加了会议。受国务院副总理、国务院食品安全委员会主任张高丽委托，国务院副总理汪洋出席会议并作重要讲话。会议对近年来农产品质量和食品安全工作进行了总结，对下一步工作提出了要求。国家食品药品监督管理总局和农业部在会上签署了合作协议，双方将建立"从农田到餐桌"衔接顺畅、良性互补的协作制度。与会代表现场考察了福建"治理餐桌污染、建设食品放心工程"的重要环节和典型成果。山东省、河南省、福建省厦门市、陕西省西安市、四川省金堂县政府围绕农产品质量和食品安全监管创新举措作了大会交流。

15. 食品安全法律制度创新研讨会在京召开

2014年12月2日，由国家食品药品监督管理总局法制司会同相关司局在京组织共同主办的食品安全法律制度创新研讨会在京召开。本次会议以"食品安全法律制度创新"为主题，结合当前食品安全领域存在的突出问题，重点研讨如何借鉴美国、欧盟、澳大利亚等国家和地区有益的立法经验，以进一步完善食品安全法律制度。来自清华大学、中国人民大学、国家行政学院、中国法学会等单位的专家学者出席了会议。与会专家就食品生产经营企业信息公示、监督抽检信息先行通报、食品生产经营"黑名单"、公益告发、鼓励聘请第三方专业机构参与食品安全监督检查等制度充分发表了意见，对于制度构建的背景、针对的问题、制度运行实践以及借鉴的意义和方式进行了深入的探讨。与会专家对总局围绕食品安全治理制度和治理方式创新广泛征求意见的方式给予了积极的评价。总局法制司表示将对各位专家提出的建议进行深入研究。

16. 国务院食品安全办召开国家食品安全信息平台项目建设部际协调会

2014年12月10日，国务院食品安全办在京召开国家食品安全信息平台项目（以下简称食品平台）建设部际协调会。国家食品药品监管总局科技标准司、食品平台项目建设办公室汇报了前一阶段食品平台建设工作进展，提出下一阶段工作建议。会上，工业和信息化部、农业部、商务部、卫生计生委、国家工商总局、国家质检总局有关司局负责人分别就本部门业务需求报告编制和信息共享需求等相关工作进行了发言。国家发展改革委食品平台项目专家组对工作重点和存在问题进行了指导。国家食品药品监管总局副局长滕佳材同志出席会议并讲话，他充分肯定了平台建设前期工作所取得的成效，要求进一步强化部门间工作协作，相关部门尽快补充完善本部门的需求分析报告，确定共建和信息共享内容，项目办抓紧汇总形成总体项目建议书，会签相关部门后报送国家发展改革委，并明确了上述工作的时限要求。会议由国家食品药品监管总局党组成员、药品安全总监孙咸泽同志主持，工业和信息化部、农业部、商务部、卫生计生委、国家工商总局、国家质检总局有关司局负责人及相关人员，国家发展改革委专家组成员、国家食品药品监管总局有关司局和单位负责同志参加了会议。

17. 国家食品药品监管总局组织召开食品生产许可制度改革研讨会

2014年12月11日，国家食品药品监管总局组织召开食品生产许可制度改革研讨会。北京、上海、江苏、安徽、广西等16个省、自治区、直辖市食品药品监督管理局食品生产监管处的负责同志参加，国家食品药品监管总局副局长滕佳材出席会议并讲话。他充分肯定了食品生产许可制度实施以来所取得的成效，指出了当前食品生产许可工作中存在的问题，提出要进一步提高认识，更新理念，改革完善食品生产许可制度。要认真学习贯彻落实党的十八届四中全会提出的全面推进依法治国的方针，运用法治思维和法治理念推进依法行政，进一步深化行政审批制度改革，增强市场活力。与会代表普遍认为，食品生产许可制度实施十多年来，提高了整个食品行业的发展水平，保障了食品生产企业的质量安全，但确实还存在一些问题，必须进行改革和创新。代表们分别就食品生产许可的品种范围、有效期限、换证审查、换证检验、简化程序、减少收费、审查人员管理等方面的问题进行座谈，提出了改革的具体措施和有关工作建议。

18. 国家食品药品监管总局召开大型食品生产企业食品安全风险信息交流工作座谈会

2014 年 12 月 12 日上午，国家食品药品监管总局在北京召开大型食品生产企业食品安全风险信息交流工作座谈会，研究推进食品安全风险信息交流工作。国家食品药品监管总局副局长滕佳材出席会议并讲话。他指出，开展大型食品生产企业食品安全风险信息交流工作是食品安全监管的应有之义，是服务企业发展的现实需要，也是推动社会共治的重要抓手。各级食品药品监管部门、相关食品检测技术机构和大型食品生产企业，要切实增强责任意识，按照"建好用好一个平台，建立完善一项制度，推动落实四个层面工作"的总体思路，推动风险信息交流工作落到实处、取得实效。中粮集团有限公司、伊利实业集团股份有限公司、贵州茅台酒股份有限公司、河南双汇集团和中国食品发酵工业研究院的负责同志在会上作了交流发言，充分肯定了食品药品监管部门组织食品生产企业开展食品安全问题和风险信息交流工作的重要性。会议还对《大型食品生产企业食品安全风险信息交流工作暂行办法（征求意见稿）》进行了研讨。国家食品药品监管总局综合司、法制司、食监一司、食监二司、食监三司负责同志，部分省（区、市）食品药品监管局食品生产监管处的负责同志，以及来自乳制品、肉制品、白酒和食用油行业的 33 家大型生产企业食品安全负责人，承担风险信息交流工作的食品检测技术机构负责人等相关人员参加了会议。

19. 国家食品药品监督管理总局发布《食品药品监督管理统计管理办法》

2014 年 12 月 19 日，国家食品药品监督管理总局发布《食品药品监督管理统计管理办法》（总局令第 10 号），该规章于 2014 年 9 月 29 日经总局局务会议审议通过，于 2015 年 2 月 1 日起施行。《食品药品监督管理统计管理办法》对原办法进行了修订，共 6 章 28 条，其修订的主要内容包括：明确了食品、保健食品、药品、化妆品、医疗器械等产品的全口径统计范围；调整了统计基本任务和适用范围；强化了各级食品药品监督管理部门对统计工作的组织领导与保障；增加了统计资料公开以及统计人员素质、权利和义务的规定；规定了部门负责人、统计机构和统计人员及统计调查对象发生违法情况的法律责任；建立健全了统计资料的审核、签署、归档制度。并且，该办法对各级食品药品监督管理部门的统计机构与业务部门及直属单位的职责进行了明确。

附录3　2014年食品安全治理
协同创新中心大事记

1. 中心在安贞医院建立实习实践基地

2014 年 5 月，食品安全治理协同创新中心、中国人民大学法学院与首都医科大学附属北京安贞医院共建实习实践基地，签约揭牌仪式在北京安贞医院举行。

2. 中心举办 2014 年"责任保险制度建设国际研讨会"

中国人民大学法学院、食品安全治理协同创新中心、美国康涅狄格大学保险法研究中心共同主办的"责任保险法律制度国际研讨会"于 2014 年 5 月 10 日在中国人民大学法学院召开。与会专家学者就责任保险适用于食品安全和安全生产领域展开研讨，献计献策。此次会议充分交流责任保险在中美两国的适用经验和发展趋势，尤其是借鉴美国责任保险制度构建和发展的有益经验，用以促进责任保险在中国的建设和发展。

3. 中心与福建省食品药品监督管理局达成框架合作协议

2014 年 6 月，食品安全治理协同创新中心到福建省调研食品安全监管工作和社会共治工作，进一步落实中心与福建省食品药品监督管理局的各项合作。在福州考察期间，食品安全治理协同创新中心各位专家到福建省茶叶协会（海峡两岸茶叶协会）等调研。

2014 年 9 月，福建省食品药品监督管理局副局长黄玲访问食品安全治理协同创新中心，双方就在 6 月份赴福建省实地调研的基础上，进一步开展实质合作，对在福建召开食品安全治理学术研讨会以及邀请福建食药局专家来校开展食品安全讲座等工作进行了安排。

2014 年 11 月，中心赴福建安溪调研食品安全监管工作，参观安溪农资监管平台，调研对茶产业食品安全影响最大的农药管控问题，座谈食品安全文化建设等。

4. 中心研究员受全国人大常委会邀请，就《食品安全法修订草案》接受主流媒体采访

2014 年 7 月 2 日，《食品安全法修订草案》经审议向社会公开征求意见。当天，全国人大常委会邀请八位参与此次修订的相关国家机关官员与专家学者在人大机关第四会议室接受国内 17 家主流媒体的集体采访，对于此次修订的相关制度和社会关注热点回答记者提问并阐述相关理念。其中，包括四位食品安全治理协同创新中心研究员：清华大学法学院王晨光教授、中央财经大学法学院高秦伟教授、国家食品安全风险评估中心主任助理王竹天研究员、中国人民大学法学院王旭副教授。

5. 健康、环境与发展论坛暑期研修班

2014 年 7 月，为了推动食品安全跨学科发展，培养食品安全治理跨学科人才，中心与中国健康、环境与发展论坛主办"健康、环境与发展论坛暑期研修班（Forhead）"，与会人员涵盖了来自法学、环境学、政治学、农业、食品科学等各方面的专家学者，中国人民大学食品安全方向法律硕士班全体同学、清华大学法学院、环境学院以及华南理工大学食品与轻工学院等高校的同学参加了研修班。本次研修班从法学、农业、环境等多个角度对食品安全进行了讨论，不仅促进了食品安全的理论研究与交流，深入田间地头的实践活动也为食品安全的理论研究提供了实证基础与实践经验。更为重要的是，研修班加强了食品安全跨学科的人才培养建设，为来自不同专业的同学们提供了一个跨学科交流的平台，不同专业的学员们在此

互相学习、互通有无，为成为"复合型"的食品安全专业人才而努力。

6. 中心赴河南省高院调研

2014 年 9 月，食品安全治理协同创新中心研究员赴河南省高级人民法院就食品安全犯罪治理实施的情况以及存在的问题进行调研。河南高院院长张立勇与调研组进行了会谈，就双方下一步如何在开展食品安全社会共治等方面展开合作进行了交流。

2014 年 11 月 27 日，食品安全治理协同创新中心实践基地揭牌仪式暨食品安全治理座谈会在河南省驻马店市中级人民法院举行。实践基地的设立将有利于促进教学研究与审判实践的充分结合，有效提升案件特别是食品安全犯罪案件的审判质量和效率。座谈会上，与会人员深入探讨各地在食品安全整治方面的法治举措，共同为保障"舌尖上的安全"出谋划策。

7. 食品安全治理协同创新中心学术委员会会议召开

2014 年 9 月 9 日，食品安全治理协同创新中心在中国人民大学召开学术委员会会议，中国工程院院士、国际欧亚科学院院士、食品安全治理协同创新中心学术委员会主席李文华院士，中国人民大学常务副校长、食品安全治理协同创新中心主任王利明教授，以及来自中国人民大学、清华大学、华南理工大学、中国农科院、环保部、国家食品安全风险评估中心、中科院地理所、中国法学会等单位的学术委员会委员出席会议。会议指出食品安全涉及生产、加工、运输、消费各个环节，这也决定了食品安全问题的重要性与综合性，因此，食品安全问题更需要协同与合作。会议围绕协同创新目标和任务，为中心未来发展指明了方向，这有利于推动中心建设理念落到实处，进一步促进食品安全治理协同创新中心的建设。

8. 中心专门开设食品安全治理前沿课程

2014 年，中心在现有食品安全课程的基础上，在国家食药总局的支持下开设"食品安全治理前沿系列公开课"。课程以食品行业的综合治理，特定问题领域的制度、技术与文化为讲授重点，邀请食品安全治理政策制定者、行业监管者与专门研究者进入课堂，邀请了国家食品药品监管总局四位司长前来授课，开设"食品安全监管的基本制度与创新""风险监测制度与保健品食品的监管"等课程。同时，中国人民大学法学院史际春教授、美国哈佛大学沈远远研究员也分别从经济法规制、中国食品法沿革的角度进行了讲授。这是中心"协同创新"、突破学科壁垒、消解理论实务鸿沟的积极尝试，对中心人才培养与课程体系建设起到进一步的提升与突破。

9. 中心与沃尔玛公司开展合作

2014 年 9 月 12 日，沃尔玛中国区高级事务副总裁博睿先生（Raymond Bracy）一行访问食品安全治理协同创新中心。双方就食品安全领域人才培训、具体合作模式等方面内容进行了探讨，并初步达成进一步合作的意向。9 月 30 日，沃尔玛公司事物高级总监郭雷等相关负责人再次来访，双方就食品安全领域的合作事项达成一致，将在举办培训项目、食品安全追溯制度研究等方面开展具体合作。

10. 中心举办"中德规制法研究所成立大会暨'健康与规制'中德学术研讨会"

2014 年 10 月 10 日，"中德规制法研究所成立大会暨'健康与规制'中德学术研讨会"召开。中德规制法研究所的成立，通过制度化、长效化的科研合作可以有力地推动两院的学术交流和国际化进程。本次研讨会从跨学科和比较研究的角度，深入讨论了社会性规制中的两个重点领域：食品安全监管和环境保护，并在此基础上，概括提炼了健康规制的一般理念、规制工具以及程序，对于推动健康规制理论和实践的发展、国家治理能力现代化背景下的规制理论研究以及中德两国的学术交流与合作都具有重要意义。

11. 中心与阿里巴巴集团开展合作

2014 年 10 月，食品安全治理协同创新中心由中心常务副主任韩大元教授一行带领访问了阿里巴巴集团，对网购食品安全与责任等方面进行调研。双方就食品生产经营许可证、第三方平台责任等问题进行了热烈的讨论，将开展具有时效性、体现企业社会责任的合作。中心与阿里巴巴建立了网络食品安全质量监管与控制的全面合作，尤其以网络食品购物纠纷解决为重点。

12. 第二届亚太食品安全治理圆桌会议

2014 年 11 月 7 日，中心召开了"第二届亚太食品安全治理圆桌会议"，会议主题为"转基因与食品安全治理"，旨在对转基因、亚太食品安全治理等问题进行广泛交流和深入探讨，为转基因食品安全的国内规制和区域协助实践提供理论指导。出席本次圆桌会议的有来自美国哈佛大学、美国加利福尼亚大学洛杉矶分校、日本一桥大学、高雄大学、辅仁大学、菲律宾食品安全网络项目、清华大学、中国人民大学、武汉大学、中央财经大学、中国法学会、国家食品安全风险评估中心等高校和科研机构的专家。与会专家通过本次会议，对转基因进行了极其精彩的讨论，从生物科学、法律、社会公益、公共管理等方面多角度、跨领域地进行了富有建设性的报告与探讨。会议指出，对于转基因问题，政府、学界和社会各界应从各自领域出发寻求转基因食品问题跨学科的互动交流和协同创新，这将有助于食品安全治理体系的探索和建设。基于本次会议研讨成果，食品安全治理协同创新中心撰写了专题内参《转基因食品强制标识如何在 WTO 框架下促进中国发展》，报送党和国家领导人，以及相关部门，为国家相关决策提供智力支持。

13. "明法学术月"研讨食品安全社会共治

为积极引导学生提高食品专业兴趣,加大教师对于人才培养的参与度,中心进一步完善校外导师制度,对学生进行专业化指导。同时,为了提高学生的学术水平,2014 年 11 月,中心举行了"明法学术月"之跨学科研究生沙龙,来自法学、农业、管理等不同专业的数十名博士研究生和硕士研究生进行了主题发言与讨论,并邀请来自清华大学、中科院地理所、人大的多位专家学者进行点评指导,对我国食品安全的社会共治问题进行了多角度、多方面的交流和探讨,进一步提高了学生的学术能力与专业化水平。

14. 参与"食品安全风险交流工作指南""食品安全标准跟踪评价指南"等编写工作

2014 年 11 月,国家食品药品监督管理总局"食品安全风险交流工作指南"编写启动会在中国法学会召开,中心多位研究员参与。2014 年 12 月,为了落实《食品安全法》及实施条例、《国务院关于加强食品安全工作的决定》等法规、文件要求,规范食品安全标准跟踪评价工作,受国家卫生计生委委托,国家食品安全风险评估中心启动了《食品安全标准跟踪评价指南》编写工作,并于 12 月 12 日在贵阳召开编写启动会。会议成立了由食品安全、营养学、统计学、经济学等领域专家组成的编写工作组,并就《指南》提纲的编写思路、内容及任务分工等进行了详细讨论。

15. 中心与荷兰瓦赫宁根大学开展合作

2014 年开始,食品安全治理协同创新中心与荷兰瓦赫宁根大学开展合作交流活动,瓦赫宁根大学相关部门负责人于 2014 年 5 月、6 月两次来访,双方就食品安全治理领域的合作交流达成一致。2014 年 12 月 1 日,中国人民大学法学院与瓦赫宁根大学及研究中心签署合作协议。中国人民大学食品安全治理协同创新中心同瓦赫宁根大学及研究中心于 2014 年 5 月开展初步合作,双方负责人进行了多次座谈，就食品安全领域开展共同合作研究、食品安全培训、学生交换、联合培养项目等领域不断交换意见。中国人民大学食品安全治理协同创新中心与瓦赫宁根大学及研究中心签订合作协议，为师生交流、科研合作提供了良好平台。

16. 食品安全治理跨学科冬令营

2014 年 12 月，中心开设了首批"食品安全治理跨学科冬令营"，邀请加州大学洛杉矶分校法学院食品法律和政策 Resnick 项目执行主任 Michael T. Roberts 教授主讲，中国人民大学法学院、农业与农村发展学院、环境学院，中国政法大学，华东理工大学，华南理工大学，美国 FDA 等来自不同行业的专家学者和同学参加了此次冬令营活动。跨学科性及学科间的充分交流互动成为本次冬令营活动的最大特色。冬令营从全新的视角拓宽了同学们的眼界，加深了同学们对食品安全治理的认识与理解，也进一步将中心的人才培养效能辐射到中心协同单位以外的高校师生。

17. 食品安全共治与文化建设研讨会

2014 年 12 月，中心召开"食品安全共治与文化建设"研讨会，针对食品安全危机事件，从社会共治视角出发，探讨媒体报道模式，兼顾媒介议程和政府议程，进行危机管理，加强与推进我国食品安全治理体系和治理能力现代化。本次研讨会由食品安全治理协同创新中心和《中国食品安全报》共同主办，来自中国人民大学、国家食品安全风险评估中心、《人民日报》《法制日报》《人民法院报》《中国食品安全报》等单位的专家学者和媒体工作者参加了讨论。

18. 毒豆芽案件刑法法律定性探讨会

2014 年 12 月，中心举行"毒豆芽案件刑法法律定性探讨会"，来自刑法方向的博士生，法院、公安系统、政府部门的相关人员参加了会议。会议从毒豆芽的字面、法律定义探讨，旨在确定毒豆芽究竟是农产品还是食品，进而确定法条的适用以及毒豆芽的监管归属问题。毒豆芽案件折射出的是老百姓的感受和科学、法律标准之间的冲突。如何兼顾这三者则是食品安全治理领域研究的重点。